上海大学出版社

2005年上海大学博士学位论文 55

秩序重构的组织社会学分析

——以上海文广新闻传媒集团局部运行方式为案例的研究

● 作 者：宗 明

● 专 业：社 会 学

● 导 师：李 友 梅

Shanghai University Doctoral
Dissertation (2005)

Sociological Organization Analysis on Reconstucture of Order

A Study in the Case of the Partial Operation of SMG

Candidate: Zong Ming
Major: Sociology
Supervisor: Li Youmei

Shanghai University Press
· Shanghai ·

摘 要

社会组织中的个体与系统之间的关系如何,秩序由何而生,一直是组织社会学思考的核心话题。在组织理论发展的早期,社会学家就提出了关于组织秩序的两种极具张力的解释模式:一是以理性决策和科学管理思想为代表的理性系统理论;二是强调微观行为结构的自然系统理论。至20世纪中后期,组织研究发展出了以"结构制约力"为分析重点的制度学派和以经济学思想为内涵的相关理论流派(如威廉姆森的交易成本理论),因而形成了新的张力。尽管这些理论学派各自都有自己重视的研究领域,它们提问的逻辑起点也有所不同,但它们都试图回答"组织运行所维系的秩序是什么?这种秩序形成的内在机制是什么?"

20世纪中后期在组织研究领域中得到不断发展的权变理论、网络理论和理性选择制度学派试图突破上述理论的局限,并想在此基础上找到更有效的提问方法,也就是说,它们不再继续提供"维系秩序的纽带是什么"的具体理论解释,而是更注重在方法论意义上寻求对"复杂世界中的秩序是怎样形成的"这类问题作出反映。

"维系秩序的纽带是什么"到"秩序是怎样形成的"这一提问法上的变化,体现了相关研究者对复杂组织中的秩序建构机制的认识在不断加深。同时,也表明了相关的研究看到了影响组织秩序生成的因素不是来自单一系统的,而是源自多方面的，比如宏观结构、个体交互行为、人际关系、合法性基础以及个体的理性选择行为，等等。这些多方面的因素通常是以一种极为复杂的形式胶合在一起，这种动态的联系甚至决定着组织秩序的生成过程。

本研究是以复杂组织中的“秩序是怎样形成的”这一问题为思考的出发点，在分析的过程中部分地吸纳了制度学派、理性选择制度学派等理论流派所关注的“公共意义、制度绩效、稀缺性资源”的分析要素。所不同的是，以往的研究均是分别单独地使用这三个要素，而本研究发现要比较全面而深刻地认识现时代的复杂组织的运行机制，必须同时使用这三个分析要素。不仅如此，本研究还认为如果再加入“制度的自我支持机制”这个分析要素，就可能更为清晰而实际地观察到复杂组织中的深层秩序生成的方式。由此获得的研究成果将会给所研究的单位制定解决相关问题的对策时提供有价值的参考依据。

本研究以上海文广新闻传媒集团作为观察基地，主要采用定性研究结合定量分析的方法，用于推论的素材基本上是研究者本人掌握的第一手资料。可以说，以组织社会学的方法分析上海文广新闻传媒集团这样的大型组织，在我国还是首次尝试，希望是一个好的开头。

关键词 提问法，公共意义，制度绩效，稀缺性资源，制度的自我支持机制

Abstract

What is the relationship between individuals of social organizations and systems? How is the order generated? These had been the main issues the sociology of organization concerned in a long time. Sociologists have put forward two explanation modes which are of extremely extension of organizational order in the early of the development of organization theory. One is the rational system theory, such as rational decision-making and the thought of scientific management. The other is the natural system theory which emphasize on micro structure of actions. In the late of 20th century, organization research has developed institutional school whose stress is "structural strain" and the correlated school whose connotation is economic theory, such as the theory of exchange-cost of Williamson, thus formed the new extension. All these schools are trying to answer "what is the order that maintains the operation of organizations" and "what is the inherent mechanism of the forming of the order", although they have their own research field and different logical preconditions.

Theory of contingence, theory of networks, rational choice institutionalism which developed in the late of 20th century in the field of organization research have tried to break out the deficiency of those theories mentioned above, and want to find a more effective way of questioning. In other words, they no longer continue to provide theory explanation of "what is the tie that maintains order" but pay more attention to explore "how the order is formed in a complex world" in methodological meaning.

From "what is the tie that maintains the order" to "how the order is formed", the changing way of questioning implies the researchers recognition of the construction mechanism of order in complex organization has been deepened increasingly. Meanwhile it also indicates related research found that the factors influences the generation of organizational order are not come from a single system, but come from various aspects, such as macro structure, individual interaction, human relationships, legitimacy infrastructure, individual's rational choice action and so on. These various factors are usually combined in an extremely complex modality, this dynamic relationship even decide the forming process of organizational order.

This research is based on the concern of "how the order is formed in a complex organization" and partly absorbs the analysis factors such as "public meaning", "institutional effectiveness", "scare resources" which are the concerns of institutional school and rational choice intitutionalism. The difference is that the previously researches used these three factors prospectively, but our research found that it is necessary to use these three factors at the same time if we want to find the operation mechanism of complex organization in modern society more comprehensively and profoundly. Furthermore, we also holds that it is more probable to observe the way the deeper-order formed in a complex organization more precisely and practically if add the factor of “self-maintenance mechanism of institution”. Thus the research product attained in this way will provide valued references for the researched organization to resolve related questions.

This research is based on the observations of SHANGHAI MEDIA GROUP, the main method is qualitive analysis combined with quantitive analysis, the reasoning materials are the first-hand data collected by the researcher. We can say this is the first experience to use the method of sociology of organization to analyze such corporation as SHANGHAI MEDIA GROUP, hope this is a good start.

Key words way to questioning, public meaning, institutional effectiveness, scare resources, self-maintenance mechanism of institution

目　录

第一章　导言：提问法转型与新的分析框架

社会组织中的个体与系统之间的关系如何，秩序由何而生，一直是组织社会学思考的核心话题，也是社会学理论研究中的一个重要主题。这个话题在社会学理论发展的早期也许可以表达为：个人的能动性在社会系统所展示的限定下多大程度能独立行动。以乔治·齐美尔(George Simmel)和赫尔伯特·布拉姆(Herbert Blummer)为主的互动主义者认为"社会系统"的存在依赖于行动者之间的互动。这种观点认为能动主体及其互动是最为重要的，社会结构则可以看作是其互动的结果，从某种意义上来说，这个理论传统强调的是个体行动者的理性互动与选择；与此相反，以涂尔干、门菲瑞德·库恩(Manfred Kuhn)等为主的学者则认为社会生活是被组织的，如果没有社会系统，行动者不能决定思考什么、感觉什么和干什么。换句话来说，是结构产生了行为模式，而不是相反[①]。上述两种社会学经典理论视野似乎从截然相反的方向对秩序的建构提出了不同的解释逻辑，前者强调"个体行为与理性选择"，而后者强调"结构性制约"。不过20世纪中后期以来的一些社会学家则开始以一种调和主义的态度提出了新的观点，尤以安东尼·吉登斯(Anthony Gidens)为代表，他认为任何把社会系统和个人决然分开的观点都是片面的，因为两者分开后都无法独立存在。无论是强调"社会系统"或"结构"重要性的宏观模型还是强调以个体能动性为主的都不能令人满意，吉登斯进而提出了他著名的"行动—结构"理论。

---

① ［瑞典］汤姆·R.伯恩斯等著，周长城等译：《结构主义的视野——经济与社会的变迁》，北京：社会科学文献出版社2000年版。

实际上，在组织理论发展的过程中，社会学家也提出了关于组织秩序的两种极具张力的解释模式：一是以理性决策和科学管理思想为代表的理性系统理论；二是强调微观行为结构的自然系统理论[①]。(前者强调结构，后者强调微观行为)。至 20 世纪中后期，组织研究发展出了以"结构制约力"为分析重点的制度学派和以经济学思想为内涵的相关理论流派[②]，因而形成了新的张力。本论文首先将在导论部分系统地回顾这个极具张力的组织理论发展过程，然后再对试图突破与缓和这种张力的三种具有代表性的理论模型(权变理论、社会网络理论和理性选择制度学派)进行评介，总结出它们各自的理论突破点、贡献与不足，并在此基础上提出进一步的反思，最后提出本论文的分析思路与基本框架。

第一节　理性系统理论与自然系统理论的张力

一、理性系统理论的主要流派与基本观点

从理性系统的角度来观察，组织是一种为了完成特定目标而设计的工具，在这里，组织运行的秩序是被理性管理者设计出来的。工具的好坏取决于理性设计的成功与否。在这里，"理性"是指某种狭义上的技术或功能理性，换言之，理性是指为了最有效地达到预定目标而以某种方式组织起来的一系列行为逻辑[③]。从理性系统理论的角度来看，组织行为就是组织结构有意图的、协调成员所实施的行为。从这个意义来说，理性系统理论主要倾向于从结构性制约的角度来解释组织中的秩序生成机理。理性系统理论的主要流派包括泰勒的科学管理理论、韦伯的科层制理论以及西蒙的管理行为理论。

1. 泰勒的科学管理理论

美国工程师 F. 泰勒被认为是对古典管理理论的形成有突出贡献

① 就此而言，本论文引用了 W. 理查德 · 斯科特对组织理论范畴的分类观点。
② 尤以威廉姆森为代表的交易成本理论。
③ W. 理查德 · 斯科特：《组织理论》，北京：华夏出版社 2002 年版。

的代表人物。他的初期研究主要涉及企业内部的生产过程，特别是企业劳动组织在演变中提出的问题。这些研究成果在他于 1895 年和 1903 年向美国机械工程学院提交的《计件工资制》和《车间管理》两篇论文里作了介绍。

泰勒系统地研究了劳动组织的科学管理，从而提出了一套科学管理的方法和制度，在此基础上，他于 1911 年发表了《科学管理原理》的论著。他在这本论著中指出，造成企业发生问题的真正因素不是人类行为而是不科学的劳动组织；个体在工作中的消极行为不是由其非理性的因素引起的，而是由组织管理原则的问题所导致的。由于泰勒的这些发现和论断不仅促成了对当时依据生产经验和凭个人意志的传统管理方法进行革新，而且对古典管理理论的发展起到了重要的推进作用，因此被誉为科学管理的创始人。

泰勒的科学管理理论的基本思想是：劳动组织可以成为科学研究和科学管理的对象；以科学理性来组织劳动能使企业获得最好的成效。这些基本思想说明泰勒是提倡通过改变传统的经验管理来达到科学管理的目标，进而解决生产效率的问题。它们是源于泰勒在不同生产领域进行的经验研究基础上提出的最初推论——机械化初期的工业企业使用的劳动方法太凭管理者的经验是造成大量浪费的原因，以及泰勒试图为劳动组织的管理寻求一种"最佳方案"的具体探索——通过对车间的劳动动作、完成任务的技术因素和时间的进一步研究，找到一些能使操作过程的每个动作达到最佳状态的途径。[①]

泰勒认为，"最好的管理是真正的科学，依靠的是明确定义的法规和原则。"泰勒本人在一个国会委员会上曾为使用科学而作出如下解释：

有人就"科学"一词在这里的使用提出了严厉的反对意见。这种反对意见主要来自这个国家中的教授们，对此我颇感惊异。他们憎

① 李友梅：《组织社会学及其决策分析》，上海：上海大学出版社 2001 年版。

恨将科学一词用于日常生活中的琐事。我想，对这种批评的正确回答是引用一位（很有名）教授最近所下的定义……即“科学是任一类型的、经过分类或组织的知识”。收集那些已经存在于工人的头脑之中但没有归类的知识并将他们简化为规律和公式……当然就是在对知识进行组织和分类，即使有些人不同意称此为科学①。

泰勒的这套解决问题的方案在当时引起了广泛的关注，其追随者相信：既然岗位任务已经被较好地分析了，在这些岗位上就职的人可以及时地发挥自己的技能，其经济报酬的需求也能得到相应的回报，那么，每个人就会因为自己处于适当的位置和获得相应的收入而感到满意；既然个体的社会角色与其岗位和任务相吻合，冲突就不会出现；既然一切都在已有的一定结构的组织中，不服从的理由就不会存在；既然一切都是通过规章制度和以非人性的方式被确定的，强制性权威关系也就不再需要了。也就是说，组织的经济手段和技术手段不仅能使企业增加效率而且还能为企业提供解决社会问题的办法。用圣西蒙（Saint Simon）的话来说，就是物的行政管理逐渐代替了人的治理。

实际上泰勒的科学管理理论不言而明地建立在以下两个基本假设之上：

假设一：存在“唯一最好方案”。根据这个假设，组织进行所有的活动只遵循一种最佳方案。而这种组织是可以看得见的，如同一系列能够被确定和被阐明的，而且能够以机械的方式“组装”的职位所构成。与这些职位相应的已定任务是能够以科学的方法加以研究的，其实施的不正常也是能避免的。在泰勒看来，对这些任务的完成所需的能力作出详细的说明是件容易的事，想要获得这方面的保证，只需创立合适的选择程序就足够了。按照这种看法，“组织技术的工程师”只要运用他的科学方法，就可以使企业认识技术、经济、财政以及贸易上的约束，并能以此为据确定企业目标实现的方法，而这个方

① 转引自罗伯特·丹哈特：《公共组织理论教程》，北京：华夏出版社 2002 年版。

法是唯一最好的①。

假设二："经济人"假设。在这个假设里，工作中的个体被视为只是重视经济因素，只有经济动机而且是屈从于经济刺激的人。从这个意义上来说，工作中的个体是无差异的，也就是说，这个个体完全可以被另外一个像他那样具有相同技术资格的人所代替，因而是一个消极的人。这个假设表明，劳动个体的唯一追求就是使自己的经济收入达到理想水平。因此，要使这个个体更好地完成任务，只需要在一定限度内更多地支付其为之付出的劳动就够了，也就是说，促使生产效率上升的因素是劳动物质条件的作用。由此可见，个体仅仅是一只手，而这只手好比个体在劳动时用于生产利益的一只齿轮。所以，个体本身成为一部机器，这部机器的动力就是获得利益的欲望。②

泰勒的基本精神是基督教伦理、社会达尔文主义和信仰科学技术的混合物。这样的精神被美国的管理层所广泛接受，并在20世纪初得到了进步运动的支持。然而，许多管理人员越来越对泰勒为他们设计的新角色感到不安，毕竟，泰勒对他们的良好的判断能力和超常能力提出了质疑，而这本是许多年来公众一直称赞的品质。所以，许多雇员只把这种方法视为对管理特权的不合法干涉。工人不愿意实施时间管理并因此使工作的每一个方面都标准化，他们拒绝那些使他们持续在效率巅峰下工作的刺激体系。由于管理层和工人双方日益强烈的反对，科学管理更多的是在一系列技术程式的伪装下存在，而不是作为一种主要的管理理念而存在。③

总的来说，在泰勒的科学管理思想中，组织中的秩序就是被较为纯粹的技术理性设计出来的，而个体无非是被动适应这个技术理性系统的角色罢了。

---

① 李友梅：《组织社会学及其决策分析》，上海：上海大学出版社2001年版。
② 同上。
③ W.理查德·斯科特：《组织理论》，北京：华夏出版社2002年版。

2. 韦伯的科层制理论

作为一种组织现象，韦伯所论述的科层组织，在人类历史上早就产生了。这种组织形式在古罗马、埃及、中国和非洲黑人帝国的行政组织体系中就有了明显的体现。如马丁(Martin, A., 1970)就指出，早在公元前165年，中国(秦朝)就开始采用考试选拔官员等与20世纪管理理论极为相似的方式。秦朝的其他制度(尤其是军事制度)就表现出了极强的韦伯科层组织的特征[①]。但是，作为一种组织理论，科层制理论的出现则是晚近的事情。

韦伯是与泰勒同时代的具有影响力的德国社会学家，但是他们的理论分析路径却截然不同。韦伯对于管理结构的分析，只是他论述西方文明的独特特征的一个有限部分。在他看来，独具特色的是理性在西方的发展，他的思想涉及法律、宗教、政治和经济体系以及管理结构等，他寻求各种材料，对不同文化和历史时期予以比较，进而证明和扩展他的体系[②]。

韦伯多次在其《经济与社会》中提出了三种权威类型：法理权威、传统权威和神授权威。在韦伯看来，只有传统权威和法理权威才足以为管理结构的长期稳定提供基础。而且，在近几个世纪里，特别是在西方社会中，传统结构正逐步让位于法理结构，这在"近代国家"和"最先进的资本主义制度下"尤为显著，因为他们有"优于其他任何组织形式的技术优势"。

韦伯把法理权威关系形成的具有代表性的组织结构视为科层制或官僚制。他的研究发现，科层制的管理结构是由人格上自由的、服从于职责的职员所构成；科层等级制是根据这些职员的职能目标组织起来的；他们的职权范围在合同里是被限定的，而且与明确的职位紧密相联；对他们的挑选是公开进行的，他们的职业品质的提高必须通过考试和以文凭为参考；他们的报酬是由一些清晰而固定的工资

① 一般认为，科层组织的原形就是军队和体育团队。
② W. 理查德·斯科特：《组织理论》，北京：华夏出版社2002年版。

所构成的；他们的职务是他们唯一的工作或是他们主要从事的工作；他们的晋级是以资历和上级的评判为依据来进行的；他们必须服从科层组织的纪律并接受检查。韦伯把科层制管理结构的这些优势称为一种法理权威，并认为这种法理权威是最严格的和最合法的权威类型，也是最理想的权威类型。根据韦伯的分析，在这种法理权威中，下级承认上级的权力，因为这种权力的合法性是在双方公认的规则基础上获得的：享有权威的个人之所以如此，凭借的是非人格的规范，这些规范不是传统的残余，而是在目的理性或价值理性的一种背景中有意识地建立起来的。那些受权威支配的人之所以服从其上级，不是因为他们对其上级有任何个人的依赖关系，而是因为他们接受了确定权威的非人格规定。由于受法理权威支配的人对上级没有任何个人的忠诚，因而只是在上级权限得到明确规定的有限领域内执行上级的命令[①]。

根据韦伯的定义[②]，科层制有以下广为人知的特征，而这些特征主要是与传统的世袭管理体系相对的：

（1）对管辖权的清晰划分：把个人的常规行为划分在职务责任的范围内（与世袭的设置相反，世袭管理体系中劳动分工并非是固定的或常规的，而是依赖于领导者所布置的任务，这一任务可能随时都会发生变化）。

（2）公司的组织遵循等级制原则：每个相对低级的职员都受高级职员的控制和监督。然而，高级职员对于低级职员的权威范围是有限制的，同时低级职员也有申诉权（而世袭体系的权威是建立在向个人效忠的基础上的，并不是一个清楚的等级秩序）。

（3）有特意建立起的一般规则体系，以指导和控制职员的决

---

① A. 吉登斯：《资本主义与现代社会理论：对马克思、韦伯和杜尔克姆著作的分析》，剑桥大学出版社，1971年版。转引自罗德里克·马丁著，丰子仪、张宁译：《权力社会学》，北京：三联书店，1992年版。

② 与韦伯的其他理论相似，韦伯的科层制理论也有许多含糊之处，韦伯没有给科层制下一个明确的定义，只是罗列了它的一些最突出的特征而已。

策和行为。这些规则相对稳定和完全,而且容易记住,所有决策都记录在文档中(而世袭体系中的管理随着领导者的意志而任意改变)。

(4) 私人财产与公司财产以及工作场所和居住场所被清楚地区分开来(这种区分在世袭体系中并不存在,统治者的私产和公产并不明晰)。

(5) 在技术资格的基础上挑选职员(与具体的个体无关)和指派职位(而不是选举产生),并发给薪水(传统体系中,职员的选拔通常靠私人关系产生)。

(6) 组织的雇员制度为职员建构起职业,职员职位的任期不受任意解雇的威胁(而在世袭体系中,职员的工作完全取决于领导者的喜好)(韦伯,1998)。

在汉南和卡罗尔看来,以韦伯科层制为典型的组织与其他人类集合体(包括家庭、社区、社团等)(斯格特,2002)相比,具有如下特点:

(1) 科层组织比其他人类集合体更具持续性。与家庭或社区相比,形式组织的一个重要特点就是非人格化。这就使得无论组织的组成人员如何变化,由这些职位组成的体系始终是稳定的,所谓"铁打的营房流水的兵"是对这种组织持续性的形象写照,而家庭成员的离去甚至丧失则是任何他人都不可替代的。

(2) 科层组织具有更高的可靠性。组织意味着控制,韦伯和马克思等大师都将组织视为控制的工具。因此,与其他人类集合体相比,组织(如军队)是可靠的。

(3) 科层组织具有更好的可控性。冷战之后,人们发现战争比冷战时期更加频繁。一个重要原因就在于冷战时期,各国均被两大对垒的阵营所控制(Hannan and Carroll,1995)。

因此,与其他人类集合体相比,科层组织是可靠、可控、高效的"长跑者",它是人类所发明的强大工具,它意味着效率,也意味着力量。

韦伯对科层制结构的分析主要强调了其正功能。劳动分工和专职化促进了专业化，但专门的工作必须通过组织的等级制度进行协作。非人格性的规则和规章通过在决策中排除个人的偏见使协作得到加强。同时韦伯也提出了科层制的一些负面效果，比如：

(1) 科层制倾向于垄断信息，使外人不可能知道决策的基础。"科层制通过保守特有信息来源的秘密性来提高监督性……'公务秘密'概念是科层制的特有创造，没有比科层制更热衷于此的了"[①]。

(2) "一旦完全建立了，科层制就是社会结构中最难被摧毁的部分……消灭这些组织的想法就会越来越成为一种乌托邦"[②]。科层制的高度专业化和职业化使其成为管理大规模民族国家或者私有企业的必要手段。尽管职员可以被替换，但是整体的科层制行政模式并不会轻易得到改变。

(3) 已经建立的科层制，对待民主的心理是矛盾的。一方面，科层化倾向于伴随大众民主。"它源于科层制的原理：权威实施中的抽象规范性，就是在人际和功能场合要求'法律面前人人平等'——并恐惧'特权'的结果，也是拒绝'个别问题区别对待'的结果"[③]。另一方面，科层化不倾向于关注大众的观点。

科层制正反两方面的影响，都可以被理解为进行合作与控制的组织原则的后果。科层制通过专注于技术特征和行为预期性而实现绩效和效率，在科层理论中，组织的秩序被进一步描绘为壁垒清晰的层级式管理体制，而这种体制是可以在长期实践中被理性设计出来的。

3. 西蒙的管理行为理论

西蒙(Herbert Simon)在他早期关于行政的论述和在与马奇(March)合著的论著中，都阐明了有助于组织内部理性行为的目标具体化和(结构)形式化的过程。正如前文所述，以泰勒为代表

① 转引自彼得·布劳、马歇尔·梅耶著：《现代社会中的科层制》，上海：学林出版社2001年版。
② 同上。
③ 同上。

的早期管理学者都或多或少的持有"经济人"的理论假设,而西蒙的贡献就在于,针对以私利为动因并且完全知晓所有选择的"经济人",他提出了更为人性的"管理人"概念——"管理人"力求追求自己的私利,但是却总不明白效用最大化的私利到底是什么,他们只知道一些可能的选择,并且愿意作一个适宜而不一定是最好的决定。

西蒙的管理行为理论可以说是对以往纯理性主义观点的一个反思与批判。持纯理性主义观点者往往认为可以用纯粹的技术理性来安排和管理组织,西蒙却认为智力决策会受到多方面的限制,人们只能在"有限理性"(遵循最小满意度原则)①的范围内思索问题。同时西蒙也坚决反对后来的人际关系学派的主要观点②,他认为反对一切行政组织结构的观点是错误的,在计算机与新的决策技术作用下,领导阶层与行政官员工作发生了很大的变化,计算机具有巨大的能力,从而使信息组织起来并程序化,赋予管理者作出尽可能理性决策的能力。他说:"组织中的人的行为,即使不是完全理智的,至少也有一大部分倾向于这样的;这对于任何一个考察组织的人或组织理论的研究者来说,看来都是非常明显的。"③

在西蒙看来,对组织的科学描述就是具体地分析作为组织参与者的个体所作的决定以及他们在作这些决定时所受到的各种影响。他的一个重要观点是,组织既简化了决策,又支持了参与者作出必须的决策。

组织简化参与者决策的一个主要的方法就是对指导行为的目标

---

① 西蒙和马奇认为最佳理性模型需要建立在一系列条件基础上:首先,追求最佳解决方式需要展现出所有选择的可能性;其次,需要个体从可靠性、风险性、变化性等方面对每种选择可能带来的后果进行评估;最后,需要个体从一开始就能按照偏好顺序对不同选择可能产生的一系列后果进行排序。西蒙和马奇力图指出上述三个条件以理想状态完全实施的可能性是非常小的,人们处理信息的能力,组织、利用其记忆的能力都无法做到这三点,因此每个人都有意无意地采用了他所找到的第一种令人满意的解决方法。

② 即强调从人类行为结构中寻找组织管理的经验,反对组织的理性设计过程。

③ 赫伯特·A.西蒙:《管理行为》,北京经济学院出版社1991年版。

进行限制[①]。西蒙指出，目标只在行动者决定如何行为时才影响到行为。目标提供了隐含于决策背后的价值前提。价值前提是指想要达到的目标的假设，在决策中，价值前提与事实前提共同作用。事实前提是指对现实世界及其运作方式的假设。价值前提越是精确具体，对决定的影响就越大，因为具体的目标能区分出可接受的和不可接受的选择。通常，等级制度中处于相对高位的参与者的决策掺杂着更多的价值因素，而相对低位者则更多地根据事实前提进行决策。接近最高层的人所作的决定是组织应该做些什么，而那些较低层职位的人更多的是考虑选择哪种方法能使之最顺利地运行。西蒙认为，在两种决策的划分中，有着相当不同的评判标准：最终的选择只能是命令或共识，选择的方法存在于实践中。

组织的终极目标通常多少总有些模糊和不够精确。不同的组织往往会存在五花八门的目标。这些泛泛的目标并没有给参与者的行为提供多少提示。然而正如西蒙和马奇所说的，这样的目标仍可以作为建构手段—目标链的起点。手段—目标链包括：① 从要完成的总体目标开始；② 发展一系列较为抽象的手段以完成这一目标；③ 把每个手段反过来作为新的子目标，并发展一系列更为具体化的手段来完成，等等。[②]

在这种方法下，建立起一个目标等级体系，其中每一层次被作为低一层次的目标，同时也是高一级层次目标的手段。通过这样的目标等级结构，行为有了完整性和持续性，而一系列行为选择中的每一个选择都是根据综合的价值，即“终极目标来衡量的”[③]。

---

① 罗伯特·丹哈特：《公共组织理论教程》，北京：华夏出版社 2002 年版。

② W. 理查德·斯科特：《组织理论》，北京：华夏出版社 2002 年版。

③ 举例而言，在生产型组织中，某个工人的任务是造出特定设备，如一部发动机中的特定部件，这为那个工人的行为提供了目标。这一目标，在他的上司看来，只是制造发动机的一个手段。这个上司的目标是要确保在需要的时候，所有的零部件都准备好了，并且可以正确地装配在一起生产出发动机。但是，这样的目标在更高一层的人看来，只是完成最终产品的一个步骤，如有发动机的除草机。生产除草机所必须完成的所有部件和装配就成了生产部门的目的，却仍只是更高层次上把除草机销售给零售商店以获取利益的终极目标与手段。

从下往上看，个体决策和行为的合理性只有在与更高层次的决定相联系时才能予以评价；对每个子目标的评价只能看它是否与更大的目标一致。从上往下看，把大的目标分解并指派给子单位形成子目标，通过具体化价值前提进而简化每一层所必需的决策，就可以提高行为的合理性。所以，从这一观点来看，组织的等级就是聚合的手段——目标链，用以提高组织内部决策和行为的一致性。

西蒙认为，组织也支持参与者作出他们必须作出的决策。形式化的结构对理性决策的支持，不仅通过把责任分配到每个参与者头上来实现，而且还为他们提供了各种处理问题必须的手段和工具，如资源、信息和设备。具体化的组织角色和规章、信息渠道、培训项目和标准运作程序都是一种机制，这种机制不仅被用以限制每个参与者决定的范围，而且还辅助参与者在该范围内作出适宜的决定。正如佩罗（Perrow）所说，西蒙的组织模型强调了对参与者不引人注目的控制：培训、引导信息和注意力在产生可靠行为方面所起的作用，比简单的命令或指令效果要大得多①。可以说，西蒙的理论在批判的基础上进一步强调了（相对）理性在决定组织运行秩序中的作用。

小结：理性系统的理论体系往往强调组织内部的结构设置是为了更有效地达成目标而专门设计的，或者从韦伯的观点来看，是为了使参与者有秩序地工作而设计的。所以，所有采用这一视角的理论家都关注组织的规范性结构对个体行为的决定与制约效果。汤普森对这一理论体系曾作出简单的综合："结构是组织达到有限理性的基本载体。"从更为广泛的意义上来看，理性系统理论所提倡的"理性"存在于结构本身，而不是个体参与者中；理性存在于规范中，规范确保了参与者的行为与达成既定目标的关联；理性存在于控制机制中，理性对行为进行评估并探测差异性；理性存在于报偿体系中，该体系激发了参与者去完成目标；理性还存在于系列标准中，通过这些标准来选择、替换和提升参与者。总的来说，理性系统理论强调的是结构

① W. 理查德·斯科特：《组织理论》，北京：华夏出版社 2002 年版。

的特征和制约效力而不是参与者的特征，所以本尼斯把这一体系称为“没有人的组织”[①]。

二、自然系统理论的主要流派与基本观点

理性系统组织理论将组织构想为特意设计来寻求特定目标的集合体，而自然系统理论则强调，组织首先是一个人类集合体，因此组织行为就不仅仅是一个理性运作的过程或者组织成员受单一结构制约的过程。这个理论系统对于人类组织行为中的目标复杂性、非正式结构与规则都表现出了很高的研究热情，它更倾向通过组织成员的心理机制、交互行为的结构等方面来揭示组织中的秩序。在自然系统组织理论的发展脉络中，具有代表性的理论分支有人际关系学派以及巴纳德的协作体系理论等。

1. 人际关系学派

人际关系学派的发展是与霍桑实验[②]的不断深入密切结合的。以梅奥为创始人的人际关系学派，是在梅奥 1933 年发表了《工业文明中的人类问题》一书后逐步形成的。人际关系学说的显著突破，在于它肯定了社会组织在经济组织和技术组织中的力量，也就是说，它肯定了心理因素、社会结构在组织运行中的作用。它向组织社会学家揭示出存在着一套复杂情感左右个人对生产要求的响应或拒绝，并迫使个人对自己的行动哲学提出质疑[③]。按照人际关系学派的分析，组织是由人构成的，人有其自身的需要，正式组织如果不能满足人自身的需要，非正式组织就会形成，并且会发生作用。非正式组织有其自身的运行逻辑，而这个逻辑不直接从属于正式组织运行规则的制约。这个分析使人们比较深刻地看到，要对组织内的人类关系和人

① 理查德·H. 霍尔：《组织：结构、过程及结果》，上海：上海财经大学出版社 2003 年版。

② 关于霍桑实验的详细情况，可参见李友梅著：《组织社会学及其决策分析》相关章节的内容，本文在此不再复述。

③ 米歇尔·克罗齐埃：《科层现象》，上海：上海人民出版社 2002 年版。

文环境的变化作出有效的反应，特别是要对这些变化与生产效率之间的关联进行贴切的预测与管理，仅仅借助经济人的推论方式或单靠创立更好的劳动组织制度是远远不够的。

许多人际关系学派的研究者的发现都归纳进了麦克格里哥(Douglas McGregor)的著名作品《企业人性的一面》(*The Human Side of Enterprise*，1960)。麦克格里哥强调古典(理性主义)管理理论(即"X理论")和人际关系理论(即"Y理论")之间最显著的差别就在于两者对人类行为特质的不同假设。

X理论的主要前提是：个体不喜欢工作并总想避免工作；所以"绝大多数人必须用惩罚来强制、控制、管理和威胁，使其投入足够的精力来取得个人目标的成功"；"普通人宁愿指导、想方设法逃避责任、不大有进取心、只想保障自身安全"。

与之对照，人际关系理论的基本前提却是：绝大多数个体"从内质上讲，并非不喜欢工作……在工作中花费体力和脑力就如同玩耍或休息一样自然"；"外部控制和惩罚并不是使人们努力工作以达到组织目标的唯一手段"；最重要的回报在于"自我满足和自我实现。"

显然，如果按照如此矛盾的关于人性的假设，那么所建构的组织结构也会截然不同①。

人际关系学派还导致了对作为社会环境的组织的改进和提高。原先的霍桑实验的研究者们本身就对他们的理论的实际应用很感兴趣。他们强调工人的满足和生产率之间的正面关系，所以他们寻求一些技术以提高个体工人的士气，并掀起了许多"人际关系"培训计划。为"人际关系"培训计划而进行的研究是从企业的干部队伍，特别是企业经理人员开始的，其目的在于为引导组织成员接受新的权威行为提供一种服务，并使组织成员相信一种具有较多自由、较少专制的指挥会带来功效。这些培训计划的基本思想其实是很简单的：最好的人际关系可以解决组织运行的每个问题。

① W.理查德·斯科特：《组织理论》，北京：华夏出版社2002年版。

一般来说，组织理论的评论家们都倾向于认为，人际关系理论首先对以理性为组织建构原则的理性系统理论进行了一次质疑，人际关系理论认为，人们的心理因素（满足感、荣誉感等）以及非正式群体中的规则、秩序（至少，这些规则、秩序与从组织角度出发、理性设计的规则与秩序是不同的）构成了洞察组织运行秩序的重要因素。

2. 巴纳德的协作体系理论

巴纳德（Chester Bernard）曾有一句名言："组成一个组织的核心是人，而不是组织图表上的职位"。他强调，组织在本质上是一个协作的体系，用以整合个体参与者的贡献。他将正式组织定义为"存在于有意识的、有意图的、有目的的人之间的一种协作"。①

巴纳德认为，对于组织问题，虽然在传统管理理论中已有人进行了大量研究，但这些研究（主要指以泰勒为主的科学管理思想）只是偏重于技术方面，其内容大多是对组织表面的特征和结构加以分析，而没有能在理论上对组织的特征和本质进行探索。巴纳德指出："为了理解经营者的职能，需要有一种超越组织地形学和制图学的东西。对于组织，究竟是什么种类和性质的各种力量在起作用？其作用方式又如何呢？有关这方面的知识是需要的。"②

在巴纳德看来，传统的组织理论或者说管理学理论，从泰勒开始就强调最大限度地提高组织作业效率的原理和技术，但他们恰恰忽略了"决策"的重要性，巴纳德认为人在行动之前必须作出决策，因此研究组织中的人是如何决策的，是什么因素影响决策，就成为组织理论关注的重要话题。巴纳德提出，要对组织进行科学的研究就必须采取科学的方法，这就是行为主义的分析方法，这种方法是以组织中的人的行为为对象，采用描述的方法，同时借用社会学、心理学、人类

---

① 巴纳德对组织的定义也强调其理性系统的特征，但在分析中，却更注意其一般性的方面。

② Chester Bernard: *The Functions of the Executive*, Cambridge, Mass, Harvard Univ. Press,1968。转引自朱国云著：《组织理论：历史与流派》，南京：南京大学出版社 1997 年版。

学等方法来研究组织行为,他认为从综合的角度来考察组织中人的行为的学说应称之为"组织行为科学"。

不过巴纳德在讨论"组织行为科学"时,虽然强调了其与社会学、心理学的关系,并认为人际关系学派将心理学方法引入组织研究是一种进步,但是又认为人际关系学派主要以非正式组织为分析对象是不科学的。

巴纳德对于组织理论的重要贡献在于他所提出的协作系统理论。他首先摒弃了将组织仅仅看成是人的集团的看法。他认为这种观点会造成组织概念的混乱——如果研究者仅把企业视为内部成员的集团,那么,股东和消费者就不是组织的参加者了——而事实上,股东通过提供资本的行为为企业发展作出了贡献,消费者则通过购买商品对企业经营作出了贡献,这些都是经营组织行为的一部分。此外,具体的个人不仅参加一个特定的组织,而且也参加其他的组织。而在参加经营组织的同时,还可能参加宗教团体、俱乐部。因此,个人是站在多组织的联结点上的,不能简单地将组织视为人的集团。

巴纳德提出:"组织不是集团,而是相互协作的关系,是人相互作用的系统。""所谓组织,是有意识调整了的两个人或更多人的行为或各种力量的系统。"组织理论评论家吉尔布雷思认为这一定义是以往见到的组织理论定义中最好的一个①。

巴纳德的上述定义指出了组织的某种本质特征,这种特征包括三部分:第一,组织不是一个由人组成的集团,而是由人的行为构成的系统。传统的组织理论研究的是组织的形式部分,它可以通过组织图或部门分工表现出来,其缺陷在于忽视了人在组织中的行为,不是原子式的人构成了组织而是人们的行为构成了组织。第二,组织不是个体的集合,而是一个有机的系统。巴纳德指出:"组织,无论是单纯的还是复杂的,常常是得到调整的人的行为的客观系统。"②正因

① 杨锡山:《西方组织行为学》,北京:中国展望出版社 1986 年版。

② Chester Bernard: *The Functions of the Executive*, Cambridge, Mass, Harvard Univ. Press,1968。转引自朱国云著:《组织理论:历史与流派》,南京:南京大学出版社 1997 年版。

为组织是系统，因此系统的特性也就是组织的特性。按照系统科学，系统是各个部分依据一定方式联结起来的一个整体。各个部分之间的关系是在一定的目标下依据一定的方式运作的。因此当其中一个部分与其他部分的关系发生变化的时候，作为整体的系统也会发生变化。由此，巴纳德发现了一个动态的组织。第三，组织是协作体系的核心部分。协作体系相当于一个企业，它是由组织系统、物质系统、人的系统及社会系统构成的一个更大的整体。组织在整个协作体系中起着核心作用（见图 1－1）。协作体系中的其他部分如机械设备、材料等构成的物质系统通过组织活动被组织起来，从而具有了价值；由经营者和职工组成的人的集团，通过组织活动，被有秩序地组织起来，从而具有了意义；协作体系中存在的社会系统（即组织与其他组织交换效用的系统）也由于组织的协调活动而具有了价值。

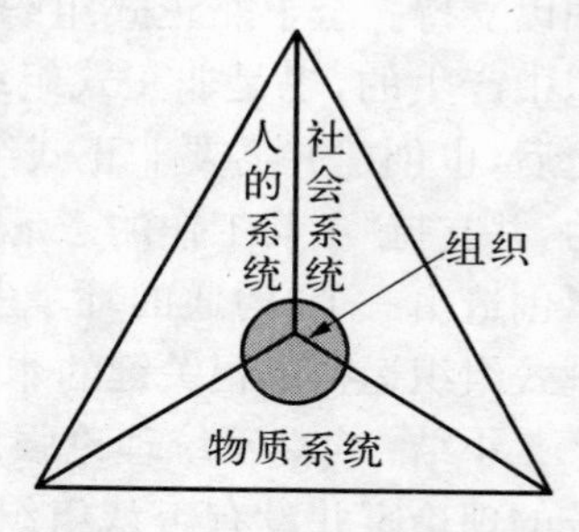

图 1－1　组织在协作系统中的地位

那么在巴纳德看来，组织中的秩序是如何得以实现的呢？巴纳德从某种程度上提出了一种完全有别于理性系统理论的解释模式。正如前文所述，从泰勒的时代起，传统组织问题专家就认为组织中的秩序可以理解为被理性设计出的一系列指令、规则，具体体现为管理人员对部下发出的命令等。但巴纳德认为，组织中的秩序关键在于管理人员支配部下的命令能否被接受。

这一观点在巴纳德的权威概念中得到最为充分的体现。他认为“自上而下地产生权威是不可能的”，他提出，在很多情况下，领导者宣称自己是权威，但却不能得到人们的服从。这是因为，权威最终建立在人们对其合法性认知基础上的。“一个指令是否拥有权威性，关键是该指令所针对的个体（服从者），而不是那些制定指令的人。”而有些类型的指令更有“可能得到该指令的接受者的认同”。这些指令就是精心设计的、整合沟通系统的产物，这一系统将所有工作联系在目标性的协作框架内。

值得注意的是，巴纳德理论的许多观念初看来与理性系统关于组织秩序的解释是一致的，但其根本区别在于，巴纳德坚持协作的非物质、非正式、人际关系以及道德基础。物质报酬被认为“微弱的刺激”，如果要使协作工作维持下去，必须有其他心理的和社会的动机加以支持。至于非正式组织，巴纳德认为：“正式组织是从非正式组织中产生的，也是非正式组织所必需的；但是，当正式组织开始运作之后，也创建并需要非正式组织。”非正式结构有助于沟通，维持凝聚力，并支持“参与工作的意愿和客观权威的稳定”。人际关系纽带可以创造出一个“沟通的环境”，形成“指挥和相互支持的机会，建立对正式组织运行都很关键的非正式组织基础”。①

小结：自然系统理论强调的是组织与其他体系的共性。自然系统的理论家并没有否认组织具有的与众不同的特性，但他们认为更重要的是那些更一般的、相似的系统和过程。所以，特定的组织目标通常被另一些目标特别是生存目标所破坏或扭转。更一般地说，理性系统理论强调的是组织的规范结构，而自然系统理论则着重于行为结构。并且，理性系统强调了结构对于参与者的重要性，而自然系统则正好相反，以至于本尼斯将其称之为“没有组织的人”。而且，这两种方法又是以对社会系统本质认识的不同观点为特征的，如果说理性系统是设计出来的，那么自然系统则是演进出来的；前者是有意识地设计，后者则是顺其自然地发展；理性系统以精打细算为特征，自然系统则以发自自然为特征。沃林（Wolin）提醒研究者注意两种解释倾向几乎相反的理论都有着相当久远的政治和社会思想渊源。将组织视为经济的、技术的和有效的工具是与像霍布斯、列宁和圣西门这样的社会理论家的著作有关的。这些人都是泰勒、韦伯、法约尔和西蒙的前辈。将组织视为社团的、自然的、非理性的、有机的系统

① W. 理查德·斯科特：《组织理论》，北京：华夏出版社2002年版。

可以追溯到卢梭、马克思和迪尔凯姆的社会理论，他们都是巴纳德、塞尔兹尼克等人的思想前辈。

第二节　经济学解释框架与制度学派解释框架的张力

一、经济学解释框架对组织秩序的解读——以威廉姆森的交易成本理论为例

经济学思想对组织研究的贡献最初来源于新古典经济学的相关研究。新古典经济学的基本思想是，在消费者和生产者相互作用的市场过程中，双方的行为通过价格加以协调。人们只要在理性的原则下追求自己私利的最大化，市场运行就可以达到资源最优化配置。福利经济学的两大定律从逻辑上证明了这一思想。阿罗（Kenneth Arrow）是新古典经济学理论的一个重要奠基人，他在谈到新古典经济学在解释现实经济现象的局限时，特意指出了新古典经济学关于市场的理论是建筑在“一组非常特定的假设”之上的。这些假设包括了充分的、对称的信息和人们行为的理性选择，等等。①

在古典经济学的分析框架中，组织现象——确切的来说，是企业行为——也得到了充分的关注，他用消费函数来描述消费者的行为，用供给函数来描述厂家的市场行为，而价格产生在供给和需求之间的均衡点。在充分竞争市场理论模式中，企业只是被动地对价格作出反应。它的主要目标是在价格一定的情况下，对产量作出理性决定以达到利润最大化。企业关心的是上述所言的生产函数以及可变资本和固定资本的投入问题。在对厂商行为的这种描绘中，研究者看不到有个性的人，看不到有个性的组织，因为在新古典经济学的解释框架下，同样市场条件下的每一个人、每一个组织的反应都是一样的。在经济学分析中，高度抽象化以后的厂商组织或消费者成为一

① 周雪光：《组织社会学十讲》，北京：社会科学文献出版社 2003 年版。

个没有任何社会性的、只关注个人利益就可以完成市场或生产活动的行动者。

通过上述总结，我们也许可以约略地看出，在经济学的解释框架下，决定企业决策和行为的根本机制是效率机制。经济学家的基本假设是，无论是消费者还是组织，他们的行为都被追逐私利的动力所驱动。而达到这一目的的最佳途径就是提高效率，即用最少的投入获得最大的产出。效率其实在某种程度上来说是测量分配资源有效性的一个标准。如果某种资源分配方案是自愿参与的各方面都愿意接受而没有人愿意改变的话（即总体利益最大化），那么这种方案就是最有效率的。

经济学家对于效率概念通常是在"应该怎样做"这个意义上使用的。但是研究者们也可以使用"效率"机制来研究、解释实际生活中的组织现象[①]。经济学家米尔格罗姆和罗伯兹（Paul Milgrom and John Roberts）在1992年出版的《经济学、组织和管理》一书中提出从经济学角度来研究组织现象，用效率机制作为实证的原则来分析、解释组织的各种行为。他们认为：

第一，效率只是相对于那些参与决定的人而言的。比如，如果现在只有两个人来考虑企业利润最大化，那么只要这两个人能达成协议，能实现两人之间的利益最优，那么被提出的方案就是经济学意义上的有效率的方案了。

第二，效率因不同约束条件而变化。随着条件等因素的变化，效率是否具备也没有一个定数。

第三，效率的机制并不总是人们决定采纳什么方案的唯一标准。[②]

新古典经济学对厂商行为进行了一定的有益探讨，但是将经济学强调的效率机制发挥到更高点，并充分考虑了市场与组织两种资

① 周雪光：《组织社会学十讲》，北京：社会科学文献出版社2003年版。
② 同上。

源配置形式的特性的则是以威廉姆森为代表的交易成本理论。

威廉姆森于1975年发表了《市场与等级制度》，在很大程度上推动了新制度主义经济学的兴起。他在1985年发表的《资本主义的经济制度》一书中，提出了他的“交易成本理论”的基本理论框架。该理论框架旨在对组织的存在及其运行进行解释。

该理论的出发点是商品和服务的交易或交换。它假定个体的行动者是为了谋取私利，是追求理性目标最大化的“理性人”。最初的时候，简单的交易是“当场”成交，并且是在自由市场之中。后来，简单的市场被更复杂的、更不确定的情形取代。交易环境的不确定性逐渐增加，简单的信任关系面临着越来越多的问题。其后果是等级制度或科层组织的产生。

值得注意的是，威廉姆森所用的研究路线同大多数经济学家的都不相同。他将注意力的焦点放在交易成本上而不是生产上，从而将一个全新的因素引入了组织社会学领域。

典型的新古典经济学模型把公司看作对生产功能进行管理的体系，其主要决策是关于资源、劳动力、资本这类生产要素如何进行组合。在该模型中，组织结构的不同基本上是无关大局的。然而，交易成本理论的假定正好与之相反，认为重要的不是商品和服务的生产而是商品和服务的交换，并且强调支配这些交易的结构的重要性[①] (Scott，1987a：148)。

在交易—成本的理论分析框架下，组织被看成是对不确定环境的反应。这些环境的不确定性的表现之一是潜在的交易伙伴的不确定性——组织不清楚他们是否可靠，不清楚他们的行为方式是否是机会主义的。将交易纳入组织等级制度，就可以通过直接的监督、审计和其他控制机制来监控组织行为，减少机会行为。因此等级制度有助于降低(至少是控制)交易成本。

① 理查德·H.霍尔：《组织：结构、过程及结果》，上海：上海财经大学出版社 2003年版。

当然，组织也可以向相反的方向发展——它们可以通过从外部购买资源、临时性的帮助和转包等方式回到市场。所以，在组织与市场之间的运行并不必然是单向的。

威廉姆森的一个重要贡献是唤起了人们对市场和等级制度这两种组织制度之间关联转化的注意。即市场与组织是可以相互转化的。当通过组织实现某种交易成本过高时，由于缺乏效率，人们就会离开组织，通过市场来达到目的，用市场形式来完成这种交易；反之，当市场交易成本过高时，人们会离开市场，把这种交易活动内在化，即变成组织内部的一个问题。人们究竟选择市场还是选择组织来完成目标，随交易成本而变化。具体来说，追逐交易成本最小化的效率规律决定了对经济活动的不同组织形式和行为的选择。不同的交易成本可以导致不同组织之间的合作关系，不同的交易成本可以导致不同的组织内部结构，不同的交易成本可以导致市场和组织之间，甚至不同组织之间的选择。因此威廉姆森认为，组织间的关系、组织内部的结构过程、经济活动形式的选择，总而言之，组织内部或组织间的种种差异都可以从交易成本的高低、形式、特点来加以解释。

本文认为，威廉姆森的交易成本理论实际上以一种更为可操作的方式展现了效率机制在组织分析中的作用，这种分析的视角与本文之前提到的理性系统理论着眼点不同，更是区别于自然系统理论。它认为复杂组织现象中秩序生成机制是受个人与组织追求效益最大化的目标所决定的，而在这个过程中交易成本是分析的一个重要维度①。

当然，威廉姆森并不认为交易—成本理论能解释所有的组织现象。实际上，他在1985年曾经指出："考虑到所考察的现象的复杂性，

① 经济学的交易成本理论与之前的理性系统理论虽然都强调"理性"、"计算"、"利益最大化"，但也有重大区别：理性系统理论强调的是从组织整体结构出发的理性设计，从某种意义上来说，它强调通过理性设计而产生的整体结构对个体的制约；而交易成本理论的分析层次是单个的"交易"，从这个意义上来说，它提供了一种更为灵活而又中层（既非结构又非个体）的分析单元。如果说理性系统理论强调的是整体结构对个体的约束，那么交易成本理论则告诉我们，组织中的秩序由理性个体对交易成本的评估所决定。

交易—成本经济学往往应当与其他理论一起使用，而不是排斥其他理论。当然，并不是每种理论对人们的指导作用都是等量的；而且，这些理论有时是相互竞争的而不是互补的。”

二、制度学派[①]的分析思路

制度学派试图解释的一个核心话题是：在现代社会中，为什么各种组织越来越相似？人们观察不同企业、不同学校、不同政府机构，就会发现它们的内部结构很相似，都采取相似的科层制的等级秩序性结构。这一观察与经济学的效率思路相悖。效率机制往往会认为，每一个组织的内部结构应该随其目标、任务、技术和环境条件不同而异，而不应该出现组织趋同的现象。所以在制度学派理论产生之前，关于组织趋同性的问题一直没有得到很好的研究。

迈耶(John Meyer)的制度理论就是为了考察组织趋同问题而产生的。迈耶的基本观点是：人们必须从组织和环境的关系上认识组织现象。任何一个组织必须适应环境才能生存，他进而提出：第一，人们必须从组织环境的角度去研究、认识各种各样的组织行为，去解释各种各样的组织现象；第二，如果人们要关注环境的话，不能只考虑技术环境，必须要考虑它的制度环境，即一个组织所处的法律制度、文化期待、社会规范、观念制度等等为人们“广为接受”的社会事实[②]。也就是说在迈耶看来，组织运行的秩序在更大程度上是受制度环境决定的。

制度学派认为，组织面对着两种不同的环境：技术环境和制度环境。这两种环境对组织的要求是不一样的。技术环境要求组织有效率，即按最大化原则组织生产。但是组织不仅仅是技术需要的产物，而且是制度环境的产物。各种组织同时生存在制度环境中，是制度

① 制度学派的观点在渊源上受自然系统理论中塞尔兹尼克思想的影响，前者的主要思想在后者的早期研究中就可见一斑，但两者仍有许多不同之处，尤其是在分析的层次上，塞尔兹尼克仍强调非正式组织、结构，后者却强调宏观环境的结构性制约。

② 周雪光：《组织社会学十讲》，北京：社会科学文献出版社 2003 年版。

化的组织。组织的制度化过程即组织或个人不断地接受和采纳外界公认、赞许的形式、做法或“社会事实”的过程。如果组织或个人的行为违背了这些社会事实就会出现“合法性”的危机，对组织的今后发展就会造成很大困难。

这两种环境对组织的要求常常是相互矛盾的。制度环境要求组织服从“合法性”机制，采用那些在制度环境下“广为接受”的组织形式和做法，而不管这种形式和做法对组织内部运作是否有效率。比如一些大企业参与社会公益活动，尽管这些活动耗费财力精力且与其内部生产活动无关，其目的不是提高效率，而是提高企业的社会地位和认可，从而为经营发展创造一个有利的制度环境。

制度学派所说的“合法性”的内涵较为宽泛，它不仅指法律制度的作用，而且还包括了文化制度、观念制度、社会期待等制度环境对组织行为的影响。合法性机制的基本思想是：社会的法律制度、文化期待、观念制度成为人们广为接受的社会事实，具有强大的约束力量，规范着人们的行为，决定着组织中的秩序。更进一步来说，合法性机制就是那些诱使或迫使组织采纳具有合法性的组织结构和行为的观念力量。

迪马乔和鲍威尔(DiMaggio and Powell)则在新的基础上发挥了合法性机制对于组织行为的作用。从某种意义上来说，他们开创了一个从“弱意义”上讨论合法性的开端。弱意义上的合法性是指这样一种情形：制度通过影响资源分配或激励方式来影响人的行为。在这里，制度不是从一开始就塑造了人们的思维方式和行为，而是通过激励的机制来影响组织或个人的行为选择。值得注意的是，这种影响不是决定性的，而是概率意义上的。在这个层面来说，是强调制度具有激励机制，可以通过影响资源分配和利益产生激励，鼓励人们去采纳那些社会上认可的做法[1]。

① W. 理查德・斯科特：《组织理论》，北京：华夏出版社2002年版。

迪马乔和鲍威尔的分析基于一种假设,即组织存在于其他类似组织构成的“场”中。他们对“组织场”的定义为:

组织场指由主要的供货商、资源与产品的消费者、规制机构以及其他生产类似的产品或提供类似的服务的组织集合在一起,而构成的为人们所承认的一种制度生活领域。使用这一概念进行分析的优势在于,它不是简单地像汉南和弗雷曼(Hannan and Freeman)的种群—生态理论那样,将我们的注意力引导到相互竞争的公司上去,也不像劳曼(Laumann)等人那样,将我们的注意力引导到组织间网络实际上如何互动上,而是使我们注意到所有相关的行动者①。

从这个视角来看,同一组织场内的组织逐渐趋向同构。迪马乔和鲍威尔为这种在一个领域中组织之间的制度趋同性现象给出了三个理由:其一,是来自环境的强制性力量,如政府的规章制度与文化方面的期望,这些力量能将标准化强加在组织上。其二,迪马乔和鲍威尔还发现,组织间互相模仿或互相示范。在面临不确定的问题并为该问题寻求答案时,组织往往采取同一组织内的其他组织在面对类似不确定性时所采用的解决方式。其三,在员工(特别是管理人员)变得更加专业化的时候,便出现规范性压力。专业培训、组织场内专业网络的发展和复杂化导致了一种制度的形成;在这种制度下,同一组织场内的管理人员几乎没有什么区别。

迪马乔和鲍威尔的研究与其之前的迈耶的研究相比,都是试图解释制度的趋同性,所运用的解释机制也都是合法性机制,但他们的研究却的确取得了更进一步的成果。迈耶强调的是一个大的制度环境的重要性,这个制度环境影响了人们和组织的行为模式。他强调一种自上而下的制度化过程。而迪马乔和鲍威尔强调更多的是组织和组织之间的网络关系、组织之间的相互依赖甚至组织内部

① 理查德·H.霍尔:《组织:结构、过程及结果》,北京:上海财经大学出版社 2003年版。

的运行机制。他们的研究更为强调组织场,属于一个中层分析理论模型。

因此,迪马乔和鲍威尔阐发的制度学派观点并未将组织运行秩序看成一个基于组织目标的理性的过程,而是将它视为导致组织场内的组织随着时间的推移而变得越来越相似的另一种压力。这一角度认为,战略选择和成员所能作出的努力来源于组织所面对的制度环境①。

小结:制度学派的贡献在于,和经济学提出的效率机制相比,从完全不同的角度揭示了为什么组织行为会发生趋同现象。制度学派提出:研究组织现象,不能从组织内部去解释组织现象,而要从外部环境的角度去解释。应该走出理性,不能用理性的框架完全解释组织问题。所以制度学派的前提假设和效率机制有很大的差异。它认为维系组织秩序的纽带是合法性机制。从解释的层次上来说,经济学解释思路完全是从个体的层面出发的,强调他们的理性决策,追求最大化,而制度学派往往是从宏观结构出发去解释组织行为的趋同性,从某种意义上说,如果我们用形象的方式来形容两种理论传统的不同,将发现:前者眼中只有选择而缺乏约束,后者眼中只有约束而缺乏选择;前者眼中只有个人而无视社会性结构,后者眼中只有社会性结构却缺乏个体差异性。

第三节　突破理论张力的尝试及其局限

诚如上文所述,在组织理论发展的脉络中关于"组织秩序由何而生?被什么所决定?"这一话题,一直存在着某种解释上的张力。在早期阶段体现为理性系统与自然系统之间的冲突(前者强调秩序是组织结构理性设计的结果,秩序来自组织的结构性制约;后者强

---

① 理查德·H.霍尔:《组织:结构、过程及结果》,北京:上海财经大学出版社2003年版。

调秩序恰恰来自组织成员的互动过程中，来自非正式结构、群体，强调心理因素对组织行为的影响），在20世纪中后期则更多地体现为以经济学思想为内涵的交易成本理论与制度学派之间的紧张（前者强调从个体出发的基于偏好的最大化动机和效率机制；后者强调宏观结构对组织行为的制约——个人在分析框架中无足轻重）。面对这种夸张式的对比和鲜活的组织活动领域，越来越多的学者相信真理存在于张力两端之间的某处，并试图从其他角度出发消融理论之间的张力，建立新的解释体系。本文认为，有三种组织理论代表着这种努力的方向，它们分别是权变理论、网络理论和理性选择制度学派。

一、权变理论

权变理论代表着一种试图突破理性系统理论与自然系统理论之间紧张的努力。在权变理论的提出者劳伦斯与骆奇（Lawrence and Lorsch）看来，理性和自然系统视角之所以不同，是因为两者各自关注的是一个简单的、体现组织形式范围的、连续统一体的不同的两极。在两极的一端，是一些高度形式化的、集中化的并寻求清晰而具体目标的组织；在另一端，是一些形式化程度较低、主要有赖于个人的素质和参与者的创造性、不能清晰地界定其目标的组织。这两个由理性和自然系统理论模型所描述的极端类型，并不是同一组织的不同方面，而是不同类型的组织①。权变理论认为，不同组织的形式和内部秩序取决于和组织必然联系的环境类型。已有的一些研究成果显示，越是相似而稳定的组织，越是能适应形式化和等级化；而越是不同的和变化的环境，越是适应形式化程度较低、更为有机的形式。这样，权变理论通过引入环境——适应模型，试图缓解理性系统与自然系统理论之间的张力。

在权变模型那里，理性行动者的目标再次受到了关注。以目标为基本视角的理论既不假定决策过程是理性的过程，也不简单地认

① W.理查德·斯科特：《组织理论》，北京：华夏出版社2002年版。

为组织是实现目标的工具。这种理论把目标看做组织之所以采取行动的原因。目标是组织文化的一部分,也是决策者的目标体系的一部分。组织就像构成它们的个人一样,是有目标的实体[①]。

在理性—权变模型那里,组织中存在着多重相互冲突的目标的思想具有重要的地位——在今天,这一看法已经得到了广泛的认同。这就意味着,对组织而言,如何排定各个目标的优先顺序是一个问题。优先顺序由组织内部占主导地位的联盟确定。占主导地位的联盟是:

……对组织有着不同的甚至可能是相互排斥的期望的横向成分(即下属单位)和纵向成分(如雇员、管理阶层、所有者或股东)的(直接或间接的)代表或截面。假定对衡量效能的各种标准的重要性达成的一致意见是不同的成分在经协商达成的秩序(我们称之为"组织")中所具有的相对权重的函数,占主导地位的联盟的成员之间的一致意见可以作为获得效能数据的一种工具。如,市场份额与雇员满意谁更重要?在研究和发展、教学和研究以及病人关怀、医药研究和医师教育之间,应该如何平衡?诸如此类。联盟达成的一致意见使得识别这种效能标准成为可能。这些标准对占主导地位的联盟中的不同成分具有不同的重要性,但是绩效和期望多少是被占主导地位的联盟成员聚集、联合、修正、调整适应和共享的。只有建立起"占主导地位的联盟"这一概念,组织作为理性决策的实体的观念才得以保持[②]。

权变理论的思想可以总结为:"什么是最好的组织方法,取决于组织所必须面对的环境具有什么样的特性"(Scott,1981:114)。同时,这种特性会影响组织的理性目标。比如根据一项调查研究,塑料公司取得成功是因为其分化程度较高,能够应对不确定的和变化的环境;而啤酒公司面临的环境分化程度较低,其内部的分化程度也较低。对权变理论的支持者来说,目标同环境具有同等的重要性。

---

① 弗莱蒙特·E.卡斯特,詹姆斯·E.罗森茨韦克:《组织与管理:系统方法与权变方法》,北京:中国社会科学出版社2000年版。

② Pennings and Goodman,1977,P152.转引自理查德·H.霍尔:《组织:结构、过程及结果》,上海:上海财经大学出版社2003年版。

更进一步说，权变理论提供了这样一种视角：没有最好的组织形式，而只有比较好的组织形式，而且组织的适应性取决于组织形式与环境需求之间的匹配程度。其基本的假设就是，不同的组织系统都有更适应或更不适应的不同的环境。劳伦斯与骆奇认为权变理论提供了超越理性系统与自然系统的更为全面的分析框架。

不过组织研究的一些评论家却认为，权变理论不是一个理论，因为它没有解释为什么某种方法是最佳组织方法，也没有解释某种最佳组织方法是如何形成的（Schoonhoven，1981；Tosi and Slocum，1984）[①]——这个问题进一步深究下去就是它在试图打破理性系统与自然系统理论张力的基础上，却不能提出关于组织秩序建构的机制。另外，也有学者认为提出“对一个特定的环境而言最佳组织方法”的思想，忽视了政治方面的考虑，例如对集体协商、最低工资或工会合同的要求。

二、网络理论

格蓝诺维特（Granoverter）和博特（Burt）发展的网络理论在某种意义上对交易成本理论与制度学派之间的紧张进行了一种缓解的尝试。格蓝诺维特的讨论起点是对“低度社会化”和“过度社会化”两种理论倾向的批评。低度社会化的思路主要是指经济学特别是威廉姆森的交易成本学派的研究逻辑。在经济学家眼中的个人拥有自己的偏好，通过价格信号的指导在预算约束的条件下作出选择，实现效益最大化。在这个思路中，个性是被抹杀了的，个人的社会关系、身份和特点，厂商和消费者的生活经历没有任何影响。而过度社会化的思路（在某种意义上说，社会学制度学派持有这种态度），认为人们只是按照自己所扮演的社会角色来行为的，他们的行为、决策受更大范围的社会结构的制约，在这里，人们同样没有主观能动性，其行为完

① Pennings and Goodman，1977，P152. 转引自理查德·H. 霍尔：《组织：结构、过程及结果》，上海：上海财经大学出版社 2003 年版。

全被所处的社会环境、社会期待和人们扮演的社会角色所决定。从这一思路着手，研究者同样也不需要去把握组织成员的个性。也就是说制度学派和交易成本学派的内在紧张在某种意义上是建立在同样的假设基础上的：取消个性。而网络研究却由此开辟了一个新的分析视角，提出了一种新的解释逻辑，即从人们所处的具体的社会关系角度来解释人们在组织中的行为，从这个角度去观察复杂组织世界中的秩序。

格蓝诺维特认为网络研究的视野能解释许多在以往经济学、社会学制度学派解释框架中不能解释的问题。周雪光(2003)曾援引过一个有趣的例子：在一家电影院里发生失火，大家都竞相往出口处跑，秩序混乱；但是如果在一个家庭失火，人们可以想象出会出现很有组织的撤退行为。所谓经济学的效率机制在这里解释力是苍白的，因为失火对于个人来说，后果都是一样，如果存在激励的话，那么激励的后果也大致相当(获得安全)，为什么家庭与电影院里发生的事不一样？制度学派同样也无法解释这个问题，因为如果道德规范已经内化了的话，那么他们在任何地方都会发生作用，为什么电影院与家庭不一样？[①] 格蓝诺维特认为影响人们行为的是具体的社会关系，只有在具体的社会关系中，我们才能理解人们的行为、内容与形式。

格蓝诺维特到博特发展出来的网络理论，大致是以这样一种逻辑来分析组织中的规则、秩序的：网络关系对组织成员行为的约束不同，从而导致不同的行为。网络关系的强弱、是否重复性[②]会影响人们的不同行为，网络的位置、结构的不同会导致不同的内化过程，从而使组织成员在不同情境下选择不同的行为。此外，网络也可能限制一个人获得的信息。在复杂的组织运作过程中，信息是人们行动、制订方案以及决策的前提，但是他们所处的网络位置不同，所在的网络结构不同，获得的信息也会不同。这样，网络在另外一种稍弱的意

① 周雪光：《组织社会学十讲》，上海：社会科学文献出版社2003年版。
② 博特的《结构洞》主要考察了网络投资重复性的效率问题。

义上可以解释部分组织运作中的行为。

网络研究的理论在某种意义上开辟了介于交易成本学派和社会学制度学派中间的一个分析领域，本文认为这一理论取向在一定程度上综合了交易成本理论与制度学派的基本观点。因为在网络学派的分析框架中，既看重结构的制约效力——特定社会关系网络对人们行为的制约，又为解释组织行为和个体行为提供了一个带有功利性的微观基础[①]。从分析层次上来看，交易成本学派关注的更多是个人层次(缺乏个性的个人)，制度学派关注的较为宏观的层次，而网络研究则着眼于中间层次。这样，网络理论在某种意义上含有打破交易成本学派与社会学制度学派之间紧张的努力。

不过组织理论的分析家同样也对网络研究提出了质疑，这些质疑集中体现为：在这种理论脉络中，维系组织秩序的纽带到底是什么？如果说交易成本学派提出了非常确定且可操作的效率机制而制度学派也提出了明确的合法性机制(分别从个体与整体结构)来描述维系组织秩序的纽带的话，那么网络研究提出了什么呢？威廉姆森在考察格蓝诺维特关于网络导致个体特定行为的理论时发现，格蓝诺维特所提出的解释大部分与交易成本理论相仿，另有一些则类似于制度学派的观点，其本身并没有在“维系组织秩序的纽带是什么？”这个问题上提出新的解释机制！由此可见，网络研究在把人们带入一个新的分析框架中后，所观察到的组织秩序反而变得更加不确定了(至少与交易成本理论或制度学派相比是这样)。

三、理性选择制度学派[②]

理性选择理论最初被称之为理性行动者理论。它的核心思路受

① 当博特认为网络关系也可以投资，强调关系网络的功利性和工具性的时候，其实为解释个体行为提供了一个微观的功利性基础。

② 国内有些学者也将其称之为“社会学理性选择理论”，本文在这里使用“理性选择制度学派”主要是参考了胡荣先生的专题研究。不过，且不论我们称这种理论倾向为“社会学理性选择理论”还是“理性选择制度学派”，他们的共同点都是：将制度因素、结构性制约引入传统理性选择理论领域。

古典经济学的影响极其深刻。古典经济学认为,人们在自由市场竞争、在与他人交易或交换时理性地追求最大物质利益。与之对应,传统的理性选择理论强调人们通过理性思考来计算各种选择的代价,评估代价的大小和物质利益的优劣,以便用最小代价获取最大的报酬。该理论传统在组织研究领域则强调组织中的规则与秩序来自理性行动者的互动过程。后来随着有限理性观念的阐发以及来自文化领域、认知心理学领域的批判日增,从20世纪70年代末期以来,一些理性选择理论家逐步认识到原有理论的不足,转而寻求制度因素来解释复杂的经济、政治现象,经济学和政治学中这种从传统理性选择理论发展出来的新制度学派理论被称为理性选择制度学派(Rational Choice Institutionalism)。

理性选择制度学派与社会学制度学派都强调制度的重要性,不过,与社会学制度学派把制度看作是个人行动的决定性因素(强调宏观结构的制约效力)不同,理性选择制度学派只是把制度看做是一个中介变量。也就是说,制度以及宏观结构能影响个体选择,但不能决定他们。理性选择制度学派同时强调偏好与制度的作用,也就是说,既考虑理性行动者的动机、利益与策略也考虑结构的制约作用,"偏好提供个人的动机,制度提供了进行因果解释的背景",因为"只有当个人行动的理由是确定的,而且促使行动产生的理由的结构条件得到解释时,理性选择才能提供对政治结果的因果解释"(Dowding and King,1995)①。

对于传统理性选择并未论及个人的偏好是怎样形成的这一问题,一些理性选择制度学派的主张者认为应该"考察偏好是怎样由行动者所处的制度和社会结构产生的。对社会科学中的许多东西进行解释需要考虑制度的因素,因为制度既限定什么是可能的,也'结构地提示'个人的利益。制度以两种方法达到这一点,首先,通过限定

① 转引自胡荣:《理性选择与制度实施——中国农村村民委员会选举的个案研究》,上海:上海远东出版社2001年版。

什么是可能的，确实是有可能的，它们形成利益。个人利益不能包括不可能的东西——要求不可能的东西是一种不切实际的想法，而且要求对与不同行动相关联的可能性进行算计。其次，任何特定个体的利益取决于他与其他人的关系，即他在社会结构中的地位”(Dowding and King，1995)①。

理性选择制度学派非常关注组织运行秩序“是什么”的问题。持这一理论框架的学者往往把秩序的出现解释为追求自我利益的个体之间以及他们与更大范围的制度框架反复互动的产物。他们都对制度学派把秩序的出现看作是完全“外在于理性”的观点提出疑问。

理性选择制度学派由于考虑到制度及结构方面因素的作用而比传统的理性选择理论更具有解释力。从某种意义上说，它也提供了一种整合经济学思路与制度学派两种分析框架的视野。因为它既没有完全放弃“理性选择”的分析传统(就这点而言与交易成本等经济学思想取向一致)，又强调制度的效用；在强调制度的同时，进一步主张个人的决定不仅仅是制度背景的产物。不过研究者也发现，理性选择制度学派更多的是提供了一种分析问题的框架，该理论模型在引入制度因素后，至少在制度与“选择”的相互制约等核心环节上还无法提供一般化的分析逻辑。

第四节　反思：关于组织中秩序问题的提问法

前文花了很大的力气去梳理组织社会学理论发展的脉络，可以发现这个理论发展的脉络基本上一直充斥着某些强大的张力，张力的一端强调着结构对于组织成员的强大制约力(早期的理性系统理论与后来的制度学派都属于这个范畴，当然具体的解释逻辑各不相当)；而另一端则强调理性行动者、组织成员交互行为自身结构、非正

① 转引自胡荣：《理性选择与制度实施——中国农村村民委员会选举的个案研究》，上海：上海远东出版社 2001 年版。

式群体以及心理因素等多方面来自微观层面要素对组织秩序的根本性影响(以自然系统理论、交易成本的经济学思想为代表)。

我们同时也初步考察了那些包含着突破上述张力之努力的理论发展状况——确实,无论是权变理论、网络理论还是理性选择制度学派都从新的角度提出了解读组织秩序的新思路,但是,通过第三部分的梳理,本文却发现了一个极为有趣的问题:那些致力于在张力两端之间寻求解释逻辑的理论,不管他们提出了什么样的分析策略,却都遭遇了同一个类似的问题(至少在理论批评家看来是如此):它们在消减了原有的极端化的解释逻辑的同时,自身反而再也找不到可以确切描绘、分析复杂组织运行中"秩序是什么"的思路了。换言之,从组织社会学理论解释张力的两端看出来,秩序的来源、建构方式都是确定的,而权变理论、网络理论和理性选择制度学派的观察却让我们发现了一个充满变数和不确定性的组织分析领域,在这个领域中结构的制约,个体、行为结构的选择,理性的计算、内在化的观念(合法性),都在发挥作用——以至于说,要想运用某种方法"科学"地归纳出这个领域中的组织秩序是什么变得极其困难了。正因为此,一些把理论关注基点长期放在理性系统、自然系统、交易成本理论以及制度学派上的组织评论家往往批判权变、网络以及理性选择制度学派没有就"秩序是什么"提出理论解释的根本机制(比如威廉姆森如此评论网络理论,Schoonhoven、Tosi以及Slocum如此评论权变理论)。

本文却注意到处于张力两端的组织理论与试图突破这些张力的组织理论在思考问题时的根本出发点已经有了微妙的变化,许多理论批判在论战的过程中恰恰忽略了这一点。从某种意义上看,理性系统理论、自然系统理论、交易成本理论以及制度学派的分析在最初的时候都是循着"维系组织秩序的纽带是什么"这样的提问法前进的。在这种提问法的背后,隐含着的观点是:组织运行的秩序是确定的,可以依据一定的"科学原则"洞察而出。从这个意义上来说,尽管自然系统理论中的不少研究者都否认了理性系统理论认为完全的理性足以规制人们行为、提供组织运行秩序的观点,但他们自身在研究的方法论倾向上仍寄希望于通过科学的方法去把握这种组织秩序。[①]正是在这种提问法所蕴涵的理论努力身上，我们才能理解为何一些评论家们总是对新近产生的试图突破理论张力的理论给予了近乎“苛刻”的评论——因为它们在模糊了秩序的形态之后，自身总是归结不出更为确定的东西。

而权变理论、网络理论与理性选择制度学派，这三种理论解释在很大程度上已经离开了解释“秩序是什么”的努力，它们转而开始寻求的是“复杂世界中的秩序是怎样形成的”，换言之，它们的共同之处在于从方法论上提供了一种观察组织秩序的方法，它们关注的是秩序形成的过程[②]。从这个意义上来说，立基于前一种提问法的理论流派对权变理论、网络理论和理性选择制度学派提出的批判其实并没有找到很好的交锋点。

本文的一个基本观点是：权变理论、网络理论和理性选择制度学派所尝试的提问法转型在某种意义上把研究者带到了一个理论观察的新境界：在这里，组织系统的研究者开始不再仅仅追求系统、确定的归纳组织运行秩序而且还试图从一个多维度的角度去观察组织秩序的生成机制与过程。循着“秩序是怎样形成的”这种提问法，人们不必在结论上(其实也不可能)就组织运行秩序作出一个“普遍化”与“一般化”(即能适应各种模式)的归纳，更为必要的是从“一般化”的角度提出观察、解释组织秩序生成机制、过程的方法。更进一步说，研究者将转为在方法论上提炼出一种普遍的观察组织秩序的框架与视野。

本文认为组织社会学对秩序问题的关注从“维系秩序的纽带是

---

① 这方面的例子数不胜数，最有名的莫过于人际关系学派的后期代表者勒温(Kurt Lewin)，他总试图用科学的方法去洞察人际关系世界的规律，并提出“准予”式的管理方法。

② 本文在这里所进行的提问法归类在某种意义上说也是一种“理想类型”式的梳理，因为组织理论的实际发展脉络要更为复杂——制度学派和交易成本理论的一些新近研究也在试图提供更为宽泛的解释模型，把更多的要素纳入到分析框架中去(如周雪光就对乡镇政府的逆向软预算约束研究)，当研究者这样做的时候，实际上也在回答“秩序是怎样形成的”这一问题。但是从大的发展脉络和理论解释的旨趣上来看，本文所提出的“提问法”之间的差异问题还是能成立的。

什么"转为"秩序是怎样形成的"这一提问法上的变化,体现了相关研究者对复杂组织中的秩序建构机制的认识在不断加深。同时,也表明了相关的研究看到了影响组织秩序生成的因素不是来自单一系统的,而是源自多方面的,比如宏观结构、个体交互行为、人际关系、合法性基础以及个体的理性选择行为等等。研究者逐渐意识到,这些多方面的因素通常以一种极为复杂的形式胶合在一起,这种动态的联系甚至决定着组织秩序的生成过程。正是从这个意义上来说,用某种单一的要素来回答"维系秩序的纽带是什么"的问题远没有回答"秩序是怎样形成的"这一问题更富有意义。

其实,本研究注意到,在组织社会学理论发展的过程中,已经有一些学者系统地在理论上对上述提问法转型的重要性作出了解释。米歇尔·克罗奇埃(Michel Crozier)与费德伯格(Edrhard Freidberg)通过对组织世界中微观行为与结构之间关系的长期研究,在20世纪80年代就提出了组织研究提问法转型的重要意义。他们认为,组织内的微观行为与结构不存在一种简单的决定、制约关系。"人类关系和社会交互作用是一个复杂的整体(universe),始终存在着潜在的不稳定性,始终处于冲突之中。整体的组织程度是一系列的经验机制,借助于经验机制,整体呈现出稳定性,使得各方参与者的原创性、行动、行为得到必要的协调,形成一定的结构"[①]。在这种理论视野中,"组织结构决定、维持和协调着行动者的行为和他们相互对待的策略,行动者之间的相互依赖使得合作成为必不可少的选择,但是,行动者都保持着某种程度的自主权,并且,出于各种理由,他们继续追求着各不相同的利益。要理解社会行动,必须要研究这些过程的实质,必须要分析这些过程赖以产生的机制、产物、目标和社会意志,……还必须要说明这些过程导致的结果,这个结果就是行动者在特定的行动领域中创造了新的结构,而这个新的结构又对有关行动

① Edrhard Freidberg: *Local Order: dynamics of organized actions*, London: JAI Press INC, 1997.

者形成了新的强制”[①]。因此，在复杂的组织运行过程中，行动者的行为永远不可能被简单化为总体结构，他们的策略、感受与行为不可能完全从总体组织结构(或更大范围内的社会结构)中推理出来；他们的行为总是或多或少受总体结构的决定，但他们也从组织具体运行过程中以及各种微观的交互活动中获取新的主动性，整个组织的秩序就处于某种不断构造与再构造的过程中，从这个意义上来说，组织中的秩序总是具有某些不稳定性或潜在不稳定性。

正因为此，法国组织社会学决策分析学派总是强调复杂组织运行过程中，秩序的“不可重复性”——即每个秩序都有自身的逻辑，这种逻辑既不能完全从整体出发解释也不能完全从微观出发解释——它们都具有“因变”的一面。从这个意义上看，在更普遍的方法论意义上回答“秩序是怎样形成的”，对秩序形成的过程和路径进行研究是具有深刻意义的。

而近些年来许多组织社会学研究者对已有理论体系的反思也表明“秩序是怎样形成的”这样一种提问法，在很大意义上其实是建立在“维系秩序的纽带是什么”基础上的进一步理论提升。随着人们对组织领域研究的加深，大家越来越深刻地意识到，在真实世界的组织生活中，往往不是一种、两种理论解释逻辑在发挥作用，很多时候一个具体组织行动背后反映出的是多个逻辑，从多个角度出发观察组织行为才会更有意义。周雪光先生在清华讲课的时候曾富有感慨地说过这样一段话：“理论最重要的是要做解释工作，它从某一角度去解释问题。大家可以看到一个理论总是强调某一种因果关系。……理论的功能就像是舞台上的灯光一样，它照亮了舞台的某一个点、某一个部分，把你的注意力吸引过去，但它同时又把其他部分掩盖了、忽略了……”[②]

① Edrhard Freidberg：*Local Order*：*dynamics of organized actions*，London：JAI Press INC，1997.

② 周雪光：《组织社会学十讲》，北京：社会科学文献出版社 2003 年版。

而当我们采取从多个理论逻辑的角度去分析组织秩序的策略时，其实也就部分承认了这样一个事实：组织内的运作秩序具有多面性、不确定性与高度的复杂性。从这个意义上来说，任何试图对秩序的内容进行一般性归纳的努力都会碰到不可想象的理论与技术上的问题，而讨论“如何观察秩序”绝非是一种“不得已”的“权宜之计”，而是引领组织研究分析者不断洞悉组织运行机制的有效途径。

第五节　新的分析框架

在接受提问法转型的基础上，本研究试图提出一种观察复杂组织秩序生成过程、路径的新框架，这种框架从制度学派、理性选择制度学派以及其他领域吸取了养料，认为可以从四个方面来观察复杂组织中的秩序问题，这四个方面分别是：公共意义的建构、制度绩效、稀缺性资源以及制度的自我支持体系。下面分别阐述这四个要素的含义。

一、从“公共意义”建构出发

这个分析要素的提出在很大程度上受制度学派学者道格拉斯的《制度是如何思考的》一文的影响。道格拉斯在研究中发现，用经济利益来解释人们观念制度和“社会性”行为（例如“合作”）的一个致命弱点是，人们的社会性行为的稳定性常常超越了经济利益的变动不居。如果我们用经济利益的变化来解释人们观念体制的稳定存在，我们会对这种稳定性的现象感到难以解释。如果用人们的“目的”或“设计”，来解释制度生成，我们也会碰到同样的困难。道格拉斯转而发问：“为什么个人可以放弃自己的利益而服从于集体的利益（而服从制度的约束）呢？”“如果说存在公共的知识与信仰，那么这些群体中的公共知识是如何产生的，如何演变的？”

道格拉斯认为，一个稳定的制度、秩序建立的一个重要条件是它必须建筑在"公义基础"之上，即社会成员共同接受或承认的合乎情理和期待的判断标准之上。也就是说，在这个意义上的制度不是建筑在功利性或实用性基础之上，恰恰相反，制度必须建筑在人们共同接受的基本理念规范之上，而这种理念规范常常隐含在自然或超自然的世界中①。这样，道格拉斯提出了观念制度稳定性的渊源："实现这一稳定化的一个原则即是社会范畴分类的自然化。我们需要一种比喻，以便将那些关键的社会关系的正式结构建筑在自然或超自然世界中，永恒世界中，或者其他去处。关键在于使得人为精心策划的社会建构隐而不显。"②当制度落脚在自然的"公义"之上，它因而也就建筑在理性之上。这样它便可以安然度过其作为约定俗成的规则的脆弱阶段。经过了自然化的过程，它成为宇宙规律的一部分，自然而然地成为讨论争辩其他问题的基础了。道格拉斯同时提出，"公共意义"在历史上通常是从自然界引申而来的，但是到了现代，则带有很强的人为建构含义，不过建构的关键点在于"不能被他人发现出人为建构的意味"。从这个意义上来看，"公共意义"提供了观察组织秩序的一个观念基础。

二、围绕制度绩效展开观察

即便是持自然系统理论的学者也无法否认，在组织实际运行过程中，来自宏观结构的制约（体现为制度、条例等）对行动者的行为（尤其是行为可能性）有着重大的影响。本文认为制度绩效构成了观察复杂组织秩序的又一视角，它决定了行动者采取策略性行为的空间与具体形式，根据在实地观察的经验，本文进一步认为可以从四个方面来考察制度绩效：

A. 组织制度在多大程度上能提供一系列明确的标准。许多制

① 比如在中国传统社会中，"左"往往会被人们自发联想到"女性"，而"右"则自然联想为"男性"。

② 转引自周雪光：《制度是如何思维的》，载《读书》2001 年。

度刚刚设计出来就失去效力，在很大程度上是因为这些制度往往模糊地表达了一个含义，而制度约束越是含糊就越为组织成员相机而动提供了便利。能否提供一个明确的标准是组织制度具备效力的重要基础。

B. 组织制度在多大程度上具有"识别"效应。所谓识别效应，就是能够把遵循组织规定和反其道行之的人或行为有效识别出来，如果制度的"识别"效应不佳，那么它即使设计得再完美，其效应都极为有限。

C. 组织制度在多大程度上能根据被识别出的行为提供"激励"。这是继B环节后非常重要的一个步骤，指的是组织制度是否能对遵守制度的行为提供正向激励（奖金、表扬、更多的升迁机会等），或对不遵守制度的行为提供反向激励（批评、惩罚等）。

D. 组织制度在多大程度上能吸引成员的注意力分配情况。组织成员的精力与时间都是非常有限的，他们不可能同时均衡地关注组织内的所有领域。一个好的组织制度（或者说有效率的组织制度）不仅仅在于它能提供不同的激励，还在于在一定时间限度内，其能否吸引组织成员的注意力。

三、稀缺性资源的占有与运用

稀缺性资源在本文中特指那些对组织或组织中某些子部分、群体而言具有重大意义的资源，这些资源在整个组织中分配相对不均，组织、子群体和组织成员往往会运用这些资源来完成有利于自身战略目标的决策，影响他人采取有利于己的方案。稀缺性资源的一个重要标志是其对整个结构的正常运作具有重要影响，它的缺失往往会使整体结构运作陷入不利境地。

正如后文将会叙述的一样，在上海文广新闻传媒集团中，这种稀缺性资源的一个重要体现形式是一些制作单位对某些不确定任务的应对能力。由于上海文广新闻传媒集团经常要承接一些不确定的且具有较大社会效应的宣传任务（比如上级部门交办的宣传任务、对突发事件的报道等)，而集团内可以承接这些宣传任务的单位又往往非常有限(受专业技术、资历等因素影响)，这个时候，在必须顺利完成任务、为集团获得良好的外部评价的前提下，这些制作单位应对不确定任务的能力就成为一种非常重要的稀缺性资源，这种稀缺性资源往往会在围绕岗位等话题而展开的集团内谈判中发挥重要作用，充当谈判的“筹码”(后文将详细讨论这个话题)。

四、着眼于“制度的自我支持体系”的分析

在组织运行的过程中，制度对于秩序的构造发挥着重要的作用，不过制度的有效实施往往需要具备一系列自我支持体系的支撑，这些自我支持条件包括其他相关制度、观念、硬件条件等多方面因素。有时处于利益博弈中的行动者只要破坏某个现有制度体系的自我支持体系中的某些环节就可以使自己处于更为有利的地位，或者摆脱现有制度的约束。

本文将尝试着从这四个要素来分析复杂组织中的秩序生成过程，在本文看来，这四个视角将把研究者引入到一个高度交互性的组织体系中去，充分领略组织、组织成员之间的复杂互动，领略到组织中各种张力之下的动态平衡过程，至此我们对组织及其行为的理解也将达到一个新的境界。

最后要说明的是，本文的这种研究框架旨在寻求并发展一种描述性和解释性的组织研究模型，并将其运用于组织分析领域之中。由此产生的知识是特定类型的知识，它不是抽象的、普遍的知识，它试图要达到的目标是让人们更好地去分析与理解组织世界中秩序建构的过程，或许它也能为组织管理者改善、优化方案提供一些依据。

在章节上，本论文的具体安排是：第二章将简要的介绍本研究所基于的组织机构——上海文广新闻传媒集团，它所处的环境与内外境遇，本章的分析将构成本研究的一个宏观知识基础，并提醒读者注意到一种公共意义逐步形成的过程；第三章将具体地介绍由集团层面——频道、频率层面围绕薪酬、用人、绩效考核等问题构成的局部组织运行环境，本文将努力分析不同行动者在上述三个问题上各自的目标与努力是什么，问题的交互性结构是什么；第四章将以个案的方式介绍集团通过“岗位体系建设”的方式重建局部秩序的过程，本文将观察并描述不同部门在这个过程中的策略与应对以及这些策略产生的后果，在这一章的结尾部分将回归到最初提出的分析框架上，具体地分析集团局部运行秩序重构所基于的复杂逻辑，并提出一些无论是在方法论上还是理论建构上都值得深入思考的问题。

本导论的逻辑演变过程如图 1－2 所示。

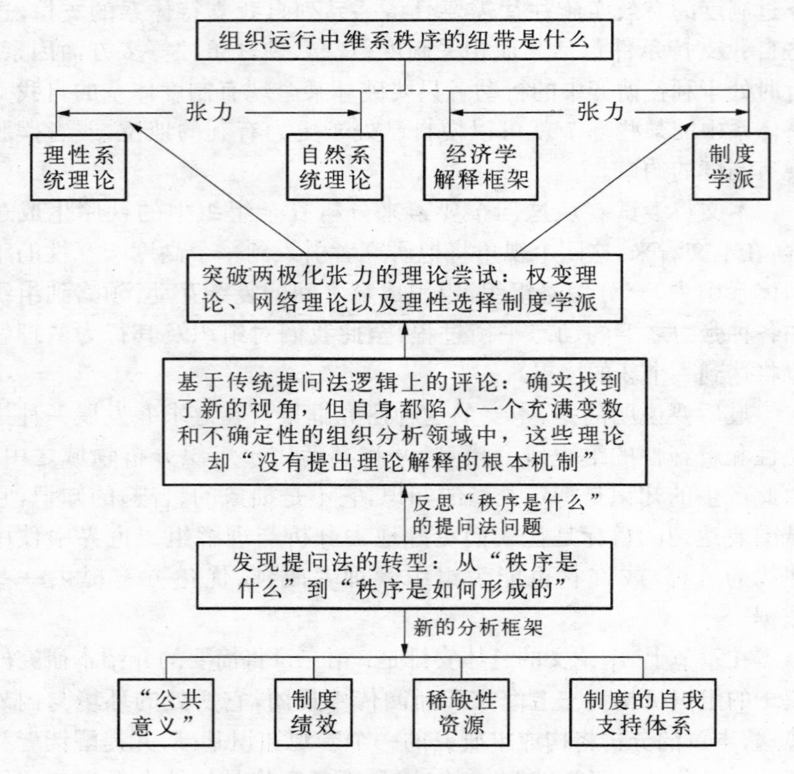

图 1－2　导论部分的逻辑演变过程

第二章　发展与挑战：内外压力下的文广新闻传媒集团

上海文广新闻传媒集团(SMG)是2001年在重组原上海人民广播电台、上海东方广播电台、上海电视台、上海东方电视台、上海有线电视台以及原五台投资的上海部分演艺、体育等实体的基础上成立的。广播电视是上海文广新闻传媒集团主业，另外还有和主业相关的演艺体育、技术服务与研发、传媒娱乐投资等。目前集团已发展到13套模拟电视频道、11套模拟广播频率、108套有线数字付费广播电视节目、1个独立域名的宽频网络电视，集团还管理、经营《第一财经日报》等一系列平面媒体。集团新开发的业务还有购物电视、手机电视等新技术媒体业务、艺人经纪等传媒娱乐产业链业务、以动画频道为主的动漫产业业务等。集团总计资产达到107亿元人民币，员工超过3 500人。在上海广播市场占有率超过90%，在上海电视市场占有率超过70%。

组建上海文广新闻传媒集团是上海文广集团(SMEG)为建立和完善与集团管理体制相适应的内部管理结构和运行模式，以体制、机制创新有效重组与整合资源，带动产业优化升级和经济规模增长所采取的一项重要举措。目的是为了对上海文广集团内的广播、电视、报纸、网络等传播媒体，以及由这些媒体主要投资或控股的公司进行资源重组，实行统一管理，不断增强新闻传媒业的活力和竞争力，壮大实力，以应对日趋激烈的传媒市场的竞争。

从集团组建近三年的发展历程来看，SMG始终处于一个外部高度竞争与内部不断完善管理、理顺体制的过程中。在这个过程中集团面临着来自内外的强大压力，与此同时，一种“危机”意识和“不进则退”的公共意义逐步在集团内形成。本章将依次讨论：SMG集团化背后的战略考虑、硝烟大起的传媒市场、SMG内部管控方式与实际发展形式的某些脱节之处，通过这些讨论，我们能对SMG所处的内外境遇有一个较为深刻的认识，最后，在这章的结尾本文将把话题进一步引申，讨论从SMG的内外压力上引发的某种促使变革成为可能的“公共意义”——正是这种“公共意义”成为集团许多体制机制调整的重要合法性来源，也为一些可能的变革打下了某种观念上的基础。

第一节 SMG集团化背后的战略考虑

上海文广新闻传媒集团组建之时正值全国广电行业大兴“集团化”浪潮之际，在此之前无锡广电集团于1998年就进入试点运营，并于当年获得优秀业绩（比1997年集团收入增加32%），1999年正式挂牌；2000年湖南广电集团正式成立，总资产达到50亿元人民币；2001年5月28日，北京广播影视集团正式挂牌；2001年12月6日，中国最大的广播电视集团——中国广播电影电视集团成立，集团总资产达214亿元人民币……研究者在考察SMG集团化动因之时，既要置身于中国广电事业发展的整体脉络中，又要考虑到SMG自身的战略考虑。

一、中国广电事业集团化的深层原因

世纪之交，在中国广电行业大兴“集团化”发展的现象背后，研究者也许能发现三方面的因素：

首先，这是我国历史上广播电视台、站发展过多过滥所致，而“集团化”的努力则能在很大程度上整合资源，产生规模效应。我国的广电事业起步较晚，最初的时候有关部门奉行的是“中央为主、地方为辅”的电视发展方针。到了20世纪70年代，广电事业基本上还处于“中央和省（包括自治区、直辖市）两级办电视”[①]的结构。而1983年3月在北京召开的第十一次广播电视工作会议，则为日后的我国广播

① 1970年初全国第一次电视专业会议定下的电视发展方针。

电视事业大发展提供了很大的动力：这次会议制定了中央、省、地(市)、县(市)“四级办电视、四级混合覆盖”的方针，从此我国电视事业进入了一个飞速发展时期[①]。但是广电事业飞速发展的背后，却是资源的高度分割——到了20世纪90年代中期，我国的电视、广播台(站)发展到了可称泛滥的地步。截至1994年底，经有关部门批准成立的县级以上无线电视台达982个，有线电视台达1 212个，教育电视台941个，总数达3 135个，比美国、俄罗斯、日本、法国、德国、英国、印度、加拿大、澳大利亚、巴西和巴基斯坦等11个电视产业大国的电视台总和还要多[②]。

广电事业资源高度分割，电台、电视台遍地皆是导致的是广告市场的恶性竞争、电视机构的重复建设、国有资产的严重浪费，这成为影响我国广电行业发展的一个巨大阴影，于是，通过组建广电集团，试图在“整合”、“兼并”的过程中，产生“做大做强”的效应，就成为广电行业的普遍共识。

其次，在广电行业“集团化”背后，有较强的政府主管部门的政策推动。1999年9月17日，国务院办公厅转发信息产业部、国家广电总局《关于加强广播电视有线网络建设管理意见的通知》[③]。该文件对各省市成立广播电视集团提出了指导性意见：“在省、自治区、直辖市组建包括广播电视台和电视台在内的广播电视集团。”这份文件对于广电事业的大整合与“集团化道路”起到了催化剂与动力加速器的作用。2000年8月中旬，“全国广播影视局局长座谈会暨‘村村通’广播电视现场会”在兰州召开。会上，广电总局就组建广电集团进一步提出了意见。会议提出，要“加快体制机制改革步伐，在组建广播影视集团方面取得突破性进展，努力形成一批在国际国内有竞争力、有

---

① 王晴川：《广播电视集团化：为你欢喜为你忧》，《中国东西部传媒经济发展研讨会论文集》，上海大学传媒经济研究中心印制。

② 吕书练：《中国广电集团——是企业经营还是权力集中化?》，《传媒透视》，2002年04号。

③ 国办发〖1999〗82号文。

影响力的大型广播影视传媒集团。"[1]这次会议为各地组建广播影视集团确定了五条原则,其中包括:组建广播影视集团"主要限于中央和省级,要着力推进省(区、市)和省会城市、计划单列市的联合,地、市一级不组建集团。各地组建集团的方案应报经总局审批同意后实施"。在性质上,"广播影视集团属于事业性质"。在主要业务上,"广播影视集团应以广播影视为主业,以电台、电视台、电影制片厂、互联网站和传输公司为主体,同时可兼营其他相关产业,逐步发展成多媒体、多渠道、多品种、多层次、多功能的综合性传媒集团"[2]。会议还要求各地结合实际情况,加快组团步伐,力争若干个省(区、市)在当年就取得突破性进展。

2000 年,国家广电总局还推出了《2001 年至 2010 年广播影视事业发展计划纲要》,强调"要形成广播电影电视三位一体、有线无线教育三台合并、省市县三级贯通,资源共享、人才共用、优势互补、效益明显、富有活力的发展格局,并建设若干在国际上有竞争力、影响力的跨地区、跨行业的广播影视传媒集团"。这次会议后,全国各地组建广电集团的热潮迅速升温——正是由于有关政府主管部门的强有力推动,广电行业的"集团化"浪潮才会发展如此迅速。

第三,加入 WTO 后,广电业界预测并初步感受到了来自外部市场的竞争力,在这种情况下,有关部门和业界一致认为有必要未雨绸缪,只有及早打造属于中国的广电"航空母舰",才能在未来的国际电视市场的竞争中占有一席之地。早在 1998 年的兰州会议上,广电业界人士就讨论并普遍关注到了这一问题,"与会同志一致认为,面对当前内挤外压的形势,为了更好地发挥广播影视在两个文明建设中的作用……有效抵御西方媒体的'侵入'和渗透,借鉴国际传媒发展的经验,结合我国实际,我们必须加快广播电视集团化发展的步伐"[3]。

---

① 徐光春:《加快广播影视事业的改革和发展》,《电视研究》,2000 年第 9 期。
② 李树文:《狠抓落实,务求实效》,《电视研究》,2000 年第 9 期。
③ 同上。

尽管按照“文化多样性”的例外原则，世界贸易组织在《乌拉圭回合多边贸易谈判结果法律文本》以及《中国入世法律文件》中没有过多涉及中国广播电视领域的开放问题，只是要求中国每年进口 20 部外国电影，并允许外资在音像、广告、电信等领域有限进入，但境外资本已经对中国巨大的广播电视市场产生了“格外的兴趣”，正因为此，在可预见的不久的将来，国内广电行业与外资媒体展开激烈交锋是很容易预见的事。在这种背景下，国内广电行业的“集团化”举措确实具有一定的效力。

二、SMG 集团化背后的战略考虑与目标

SMG 集团化的背后除了上述三点考虑外，还有自身的战略安排。上海文广新闻传媒集团在组建之初就有一系列很高的目标定位，这一系列目标就是：不断做大做强事业，继续保持舆论强势地位，发挥舆论宣传主力军作用，提供丰富多彩的文广影视节目满足人民群众日益增长的需求，不断增强活力和竞争力，积极参与国际竞争，争取尽早进入世界文广影视行业的前列。为了实现这样的目标，有关方面在集团组建之初就制定了相应的规划，希望在今后 5 年至 10 年，集团以一流的水平、一流的队伍、一流的设备和一流的管理，形成多媒体、多品种、多功能和跨区域、跨行业乃至跨国界的综合性大型传媒集团。更具体的来说，SMG 本身是应对日趋激烈的全国乃至全球传媒市场竞争的产物，集团化道路背后是“3 到 5 年时间实现‘立足华东、辐射全国、走向世界’”的具体发展目标；是“用 5 到 8 年时间建成亚太地区具有影响力的集内容制作与发布于一体的多媒体集团”的宏大战略目标；是跻身世界先进传媒集团的长期奋斗目标。

上海文广新闻传媒集团的上述宏大战略目标一部分是建立在上海媒体较高的总体水平上的，另一部分则反映了有关方面希望上海文广系统与上海“一个龙头，四个中心”国际大都市的经济规模、综合实力、国际文化交流中心的城市发展目标相适应的期盼。

宏大的战略目标需要配套的格局作为支持，上海文广新闻传媒

集团不仅拥有十分强大的广播电视资源和实力，而且还拥有上海一大批富有影响力的文艺表演院团和大量文化资源以及一批在国内外有着一定影响力的上海城市文化标志性建筑，这种发展格局与之前的国内广电集团都有一定区别，却与国外一些大型传媒娱乐集团（如迪斯尼）相似。从某种意义上说，这种独特的格局也体现了上海文广新闻传媒集团向国际一流传媒集团的目标前进的努力。

正是在上述战略目标的指引下，上海文广新闻传媒集团在组建的近三年时间内，采取了大量的战略性措施，其中具有代表性意义的有以下八项：

(1) 以“第一财经”(CBN)、“生活时尚”(CHANNEL YOUNG)、东方卫视(Dragon TV)等品牌为先导，通过市场宣传和推广，通过商业化的运作，已经在市场上形成了一定的影响力。在广播频率方面，还推出了“都市792”、“东广新闻台”、“动感101”、“魅力103”和“经典947”等新的品牌。

(2) 与CNBC亚太宣布结为战略联盟，根据协议，SMG旗下的财经频道每天为CNBC亚太制作六档直播节目，通过CNBC的全球收视网络，用英语向全球观众播出中国和上海的财经信息。有业内人士认为，这是中国媒体与西方主流媒体第一次有实质内容的结盟，是中国电视史上的一次重大突破。

(3) 同环球唱片合资成立上海上腾娱乐有限公司，将在娱乐产业、艺人经纪等方面进行市场拓展。主要从事艺人经纪和艺人管理、组织和执行各种与音乐相关的大型活动、开发新媒体、市场伙伴营销以及策划和推广各类音乐产品以及DVD等。

(4) 同韩国CJ集团合作成立上海东方CJ商务有限公司，正式开通家庭购物电视，直播购物信息，还不断加入气象、交通等服务性信息，在同一画面上进行广告开发。

(5) 2004年底，Viacom与SMG成立合资制作公司，在少儿节目内容制作上进行全面合作，成为首家中国政府批准的中外合资电视内容制作公司。

(6) 收购“中超”全国转播权，从以往单纯面向上海地区播出体育赛事发展成为体育赛事版权的拥有者和运营商，拓展了SMG的体育产业链。

(7) 与《北京青年报》、《广州日报》共同投资推出《第一财经日报》，发行全国。至此，第一财经品牌初步实现了跨地域、跨媒体发展。

(8) 积极适应新形势，大力推进新媒体业务。SMG相继开办了面向固定家庭用户的数字付费电视、面向互联网用户的宽频电视、面向移动人群的移动电视，并全力研发手机电视。还进一步利用自身的内容资源优势，向上海公共场合和户外大屏幕、商务写字楼的液晶显示屏等提供集团广播电视节目资源。目前，已有16个面向全国的付费广播电视频道，节目信号已覆盖全国30个省、市的3 000万用户，其中数字付费电视用户达50万户，市场覆盖率超过50%。

由此，研究者可以初步发现，SMG的集团化道路背后隐含着的是一系列目标远大的宏伟计划与蓝图。而这些计划与发展蓝图逐步把SMG带入到一个竞争更为激烈的传媒市场中去。

第二节 SMG的外部环境：硝烟大起的传媒市场

也许用“硝烟大起”来形容上海文广新闻传媒集团所处的外部环境是最恰当不过的了。为了更为清晰地展现SMG所处的外部环境，本节将系统地讨论这么三个话题：当前传媒市场的特点、国际传媒集团对SMG的影响与竞争压力、国内传媒业对SMG的影响与竞争压力。

一、当前传媒市场的特点

最近几年来，国内传媒市场进入了一个高度竞争的局面。当人们试图观察最近三年的国内传媒市场，试图观察并分析处于日益激烈竞争中的传媒市场时，至少有四个环节的因素必须引起我们的充分关注：

(1) 在最近几年时间中，国内传媒所面对的市场逐步开始由卖方向买方转型，传媒进入“过剩”型的买方市场，这是传媒界竞争日益激烈的一个重要原因。近年来，国内传媒数量急剧膨胀，竞争日益激烈，促使传媒市场中的供求关系发生改变，传媒开始由卖方市场变为买方市场，从此“传媒制作什么观众就收看什么的时代一去不返”。仅以北京地区为例，中国人民大学舆论研究所2002年完成的一项“关于北京居民电视收视情况和收视意愿的调查”表明，北京地区居民目前平均可以收看32套电视节目，并且，随着城市有线电视网的发展，在可预计的未来，人们将能收看近100套电视节目。而节目的增多则意味着有大量“同质”节目的存在，就意味着传媒市场的“过剩”①。有学者认为传媒“过剩型”买方市场的形成在一定程度上受两方面因素的促成：其一是计划经济向市场经济的转型给传媒发展带来了很大的发展空间，大量传媒在很短时间内迅速涌现，这给受众面带来了很大的选择空间；其二是从技术革命的角度看，传媒产业由于技术革命的更新，极大地释放了传媒产业的渠道空间，使过去有限的、稀缺的传媒的渠道资源得到了极大的释放，呈现出一种过剩态势。由于这种过剩，对于传媒理论和传媒实践都有极大的改写②。

(2) 传媒受众面对传媒发展提出了更高的要求，这使得各大传媒不断在内容、形式与营销战略上调整自身手段，由此带来了一个具有较高技术性与挑战性的传媒竞争时代。在最近的一个时段内，我国传媒市场的受众开始逐步形成了一些新的特征，这集中表现在以下四个方面上：

第一，在传媒市场进入过剩型形态的情况下，信息与资讯来源很多，受众选择余地很大。

---

① 喻国明：《解析传媒变局——来自中国传媒业第一现场的报告》，广州：南方日报出版社2002年版。

② 喻国明：“中国传媒产业的发展现状与趋势”，载于“人民网”。http://www.people.com.cn/GB/14677/35928/36353/2701438.html.

第二，在大量的信息面前，受众又需要在选择上获得帮助。传媒的信誉、品牌的质量、营销的策略对受众的选择会有很大的影响，有的品牌甚至成为受众的依赖，从而形成选择习惯。

第三，随着受众的独立思考和判断的能力加强，个人的独立自主性也会相应增强。随着受众眼界开阔、文化程度不断提高、独立思考与判断能力和习惯的增强，盲从度会大大降低。这与生活的多元化，各种选择机会的丰富多样相结合，于是个人的独立性和自主性便会增强。因此，受众对传媒质量的要求会更高，且不易被欺瞒和愚弄。第四，受众对传媒的需求度会增强，但需求的个性化程度不断提高。由于受众的经济能力强，闲暇时间多，文化程度高，因而受众对传媒的消费能力将会大为增强。同时随着社会的多元文化发展，人们的个性、自我的爱好都会得到很大程度上的发展，这集中体现在对传媒内容的个性化认同上。所有这些受众面上的变化，都将给媒体带来新的机遇，同时又为传媒市场的激烈竞争提供了推动力。

（3）有效地占有当前的国内传播市场不仅是一项经济要求，还在很大程度上体现为重大、紧迫的政治要求，政府有关方面的积极推动也增强了传媒市场的竞争性质。在许多时候，当人们谈及传媒市场时，第一反应往往是指向经济的。然而，对于我国传媒事业而言，这其实还是一项具有高度紧迫感的政治要求。这是因为，“从现代传播学的角度看，传播市场是建立在社会注意力资源的基础上的。传播的竞争，就其本质而言，是传播媒体对社会注意力资源的分割、吸纳、竞争与维系”①。因此从这个意义上说，失去了市场，便意味着失去对社会注意力资源的占有，更进一步地说，当一个在政治上有着追求的媒体在市场上呈现弱势化趋势的时候，其在政治上的影响力就必然会边缘化——如果这样的趋势发生在入世后的国内媒体上，那么这对中国未来的改革开放事业无疑是具有很大威胁的。

① 喻国明：《解析传媒变局——来自中国传媒业第一现场的报告》，广州：南方日报出版社 2002 年版。

（4）一些新技术的发展对传统传媒产业提出了新的挑战。传媒业的发展与社会经济和技术的发展密不可分。目前，"数字技术正在成为支撑所有传媒的存在基础、技术标准与发展取向，正在改变不同形态传媒的边界"①，正在成为传媒发展的方向。以海量的内容、迅捷的速度与个性的服务为特点，数字传媒正在改变传统的传播模式，包括传播者的运作模式和受众的信息接收模式，最终还将改变传媒业传统的经营理念和传播格局，并对整个人类的社会生活产生革命性的影响。新技术在互联网、P2P（点对点传输）、手机移动通信方面的运用②，对传统的广电传媒业产生了新的挑战——当然也赋予了新的机遇。

上述四个环节上的因素导致中国传媒市场开始进入一个高度激烈竞争的状态。在这样一个历史性阶段，SMG面临着的是来自国外著名传媒集团与国内兄弟单位的双重竞争，从目前的情况来看，这些竞争所带来的威胁已经从"狼将要来了"式的警惕转为集团发展所面对的现实问题。

二、国际传媒集团对SMG的影响与竞争压力

随着中国加入WTO，现存的较为封闭的传播体系已经发生变化，传媒政策、制度上的"有条件、适度、早晚"的开放将逐渐引导中国传播事业进入全球化轨道。2001年伴随着加入WTO的日益临近，中国的传媒政策已明显显露出某种意义上的松动迹象：2003年12月，国家广播电影电视总局令第22号《境外卫星电视频道落地管理办法》下达，同时废除了实施将近两年多的暂行条例（总局8号令），新的管理办法从2004年1月20日正式实施。2004年初，国家广播电影电视总局颁布了一项新政策，在这项新政策中，广电总局向中国广播机构发出了在海外建立广播电视机构的呼吁。新政策也结束了一项

① 陆小华：《数字媒体观与传媒运行模式变革》，《新闻记者》，2004年第1期

② 以手机为例，它最早只是单一的通信工具，后来增加了娱乐功能，又具备了信息接收与转发功能、网络浏览功能，现在同时又成为信息采集和传送工具。一些通信领域的著名厂商已经开始尝试运用手机接收影像信息、电视节目。

禁令,允许外国投资进入中国国内的电视、电影制作公司。

正是在中国入世的大背景下,一些国际知名的传媒集团开始进入中国市场。尽管种种规定明确限制了其市场准入或经营范围,但是其巨额资金背景和先进的技术支持,使其仍可以在中国市场上(尤其在广电领域)掀起波浪,并对 SMG 形成竞争压力:

(1) 目前默多克的媒体帝国成为首家获准在上海设立代表处的地区性传媒公司。在 2002 年 3 月 28 日,新闻集团的 STAR 获批准在广东“落地”一家综合娱乐电视台——这是中国政府第一次允许境外电视频道通过国内有线网落地播送。星空卫视目前在广东地区落地情况比较好,总共的有线用户大概在 200 万户左右。2002 年 12 月,星空卫视与湖南广电结成战略合作联盟。星空卫视 2003 年元旦前夕获得国家广电总局批准,在三星级以上宾馆及涉外小区落地播放。星空卫视在综艺节目方面下了很多工夫,每年自制超过 700 小时的电视节目。

(2) 时代华纳 2003 年虽然出售了华娱电视大部分的股权给 TOM,在中国电影市场上的步伐却大大加快。2003 年 6 月,投资 1 396.5万元人民币,购入上海永乐影院 49%的股权。2003 年 10 月,华纳兄弟国际电影公司与上海电影集团签订合作协议,宣布双方由此建立战略合作伙伴关系,将从电影产业链的终端——影院投资与建设入手,进而扩展到影院经营管理、电影技术、管理人才培训等多方面。从全国各大城市中选择目标,建设 10 座现代化影城,南京以及武汉两地的上影华纳影城已经开工。之后,又先后与广州、大连等地合作全面推进在全国中心城市创建“华纳”连锁影院的计划。

(3) Viacom 集团旗下的 MTV 于 2003 年 4 月 26 日获批准在广东地区通过有线网络落地。Viacom 更注重在节目内容方面下工夫,其信念是“内容为王”。Viacom 同内地 40 多家电视台合作 MTV 光荣榜、MTV 天籁村、MTV 学英语等节目,并与中央电视台合作制作每年的 CCTV-MTV 音乐盛典。在儿童节目方面,Viacom 将儿童频道部分节目内容汉化以后在国内几百家省市电视台播出。2004 年,

Viacom将与SMG成立合资制作公司，在内容制作上进行全面合作。

(4) Focus Media分众传媒(中国)控股公司是由国际知名的战略投资基金SOFT BANK投巨资建立的一家从事于中国分众传媒及技术的创新开发与整合经营的媒体集团。目前，Focus Media已在上海建成遍布150幢高档商业楼宇和知名商厦的液晶电视联播网，50个知名商厦、30个四、五星级酒店及高级公寓会所、高档娱乐消费场所的液晶电视广告发布网络，日覆盖200万人次上海高收入阶层的分众传媒网络。

此外，早自20世纪90年代中期开始，一些海外卫星电视就开始获准进入中国内地，包括美国、英国、日本、中国香港、中国澳门等国家和地区在内的海外电视新闻、娱乐、综合频道先后获准进入中国的一些宾馆、饭店和特殊社区(部分频道详细情况见表2-1)。

表2-1　中国批准可接收的部分海外卫星电视频道

境外卫星电视频道	所属公司	国家或地区
美国有线电视新闻网(CNN)	美国时代华纳集团	美国
家庭影院亚洲频道(HBO)	美国时代华纳集团	美国
CINEMAX亚洲频道(CINEMAX)	美国时代华纳集团	美国
亚洲财经频道(CNBC)	美国全国广播公司	美国
娱乐体育节目网亚洲频道(ESPN)	美国广播公司迪斯尼公司	美国
音乐电视亚洲频道(MTV)	美国Viacom集团	美国
国家地理亚洲频道(NGC)	美国新闻集团	美国
卫视国际电影台(STAR MOVIES INTL)	美国新闻集团	美国
索尼动作影视娱乐频道(AXN)	美国索尼影视娱乐公司	美国
探索亚洲频道(DISCOVERY)	美国有限电视公司	美国
豪马娱乐电视网电影台(HALLMARK)	美国豪马娱乐电视网公司	美国
英国广播公司世界频道(BBC WORLD)	英国广播公司	英国
日本广播协会娱乐电视频道(NHK-WORLD PREMIUM)	日本广播协会	日本

续 表

境外卫星电视频道	所属公司	国家或地区
日本娱乐电视频道(JETV)	日本娱乐电视股份有限公司	日　本
日本 NHK-1	日本广播协会	日　本
日本 NHK-2	日本广播协会	日　本
凤凰卫视电影台	香港凤凰卫视电视有限公司	中国香港
香港无线 8 频道(TVB8)	香港电视广播有限公司	中国香港
香港无线星河频道(TVB GALAXY)	香港电视广播有限公司	中国香港
香港阳光文化频道(阳光卫视)	香港阳光文化网络有限公司	中国香港
香港世界网络频道(NOW)	香港盈科集团	中国香港
香港凤凰卫视中文台	香港凤凰卫视电视有限公司	中国香港
香港卫视体育台(STAR SPORTS)	香港凤凰卫视电视有限公司	中国香港
香港卫视音乐台(Channel V)	香港凤凰卫视电视有限公司	中国香港
澳门卫星电视旅游台	澳门卫星电视有限公司	中国澳门
澳门卫星电视五星台	中国五星媒体(澳门)有限公司	中国澳门
澳门卫星电视亚洲台	中国五星媒体(澳门)有限公司	中国澳门
华娱频道(CETV)	美国在线—时代华纳公司	美　国
香港凤凰卫视频道	新闻集团控股	中国香港

资料来源：转引自黄升民，周艳：《中国传媒市场大变局》，北京：中信出版社 2002 年版。

在国外知名传媒集团陆续进入中国市场的情况下，SMG 要顺利地实现集团组建之初的战略目标，无疑面临着相当大的压力。因为，从某种意义上说，SMG 目前的实力与国外著名传媒集团之间仍有一定差距，这一点可从表 2-2 的数据分析中窥得一斑。

表 2-2　2003 年财富全球五百强中的传媒娱乐集团

公司名称	FORTUNE500 排名	营业收入 /亿美元	营业收入与 SMG 的倍数关系
Vivendi Universal	42	549.77（包括环境业务、电信业务）	156.6 倍
Time Warner	80	416.76	118.7 倍
Walt Disney	165	253.29	72.2 倍
Viacom	171	246.05	70.1 倍
Bertelsmann	273	173.128	49.3 倍
News Corp	326	151.835	43.3 倍

注：虽然不能仅以营业收入来评价集团之间的强弱，但营业收入无疑是重要的评价因素。

客观地说，无论是从资金、营销技术、经营理念还是资产规模上来看，SMG 距离国际一流传媒娱乐集团都有很大的差距，随着国外著名传媒企业越来越多地进入国内广电、传媒市场，SMG 必然会遇到激烈的市场竞争，而这也将给 SMG“跻身世界先进传媒集团”的战略发展目标带来一定的困难。

三、国内传媒企业对 SMG 的影响与竞争压力

如果说由于在准入权、具体经营方式等方面国际传媒企业在中国的经营还受到许多限制，其对 SMG 的挑战与竞争压力在很大程度上仍处于“潜在状态”的话，那么国内的各大传媒集团则对 SMG 现实发展产生了较大的竞争压力。

上海这个远东地区最有发展潜力的城市，是全国的金融与文化中心，国内其他地区的大型传媒集团也纷纷将他们的目光锁定于此。

根据有关数据公司的统计情况显示：2002 年，上海落地的外地卫星电视有 11 家，而截至 2004 年上半年已经达到 27 家。中国教育电视台一套（CETV1）2004 年起也可以在上海收看到。加上中央电视台新增加的少儿、音乐、新闻频道，上海地区的频道数比以前增加了 20 套左右。这些外地卫星电视进入上海后，观众的选择权多了，对 SMG 的电视收视率产生了很大的分流效果（见图 2－1）。

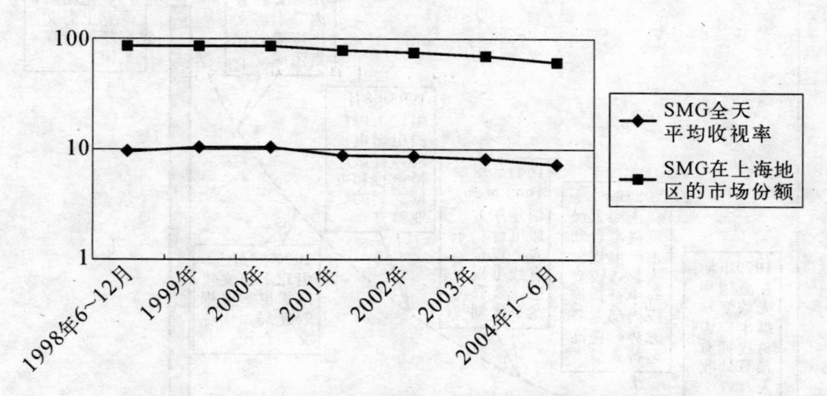

图 2－1　1998 年至 2004 年 SMG“全天平均收视率”与“上海地区市场份额”发展曲线

从图 2－1 可以看出，从 2001 年开始，SMG 所属的电视收视率与上海地区市场份额都在外地卫星电视的竞争下，呈现出逐年缓慢递减的趋势。而收视率和市场份额的缩减还意味着 SMG 的主要盈利项目——电视广告正遭遇其他传媒节目的分流①。

① 2003 年 12 月 28 日正式开播的东方电影频道覆盖整个上海地区 350 万有线电视用户，收视人口将超过 1 600 万，其中电视剧仍是其主要组成部分，且黄金段主要放电视剧，这对 SMG 的收视率与广告收入都具有一定的分流效应。

第三节　高速发展下的 SMG 与内部管控机制

上海文广系统在近 25 年的历史上发生了七轮改革，正在朝着更高的起点发展。通过这七轮改革，上海文广系统的规模越做越大，市场竞争能力也有了很大的提升（见图 2－2）。

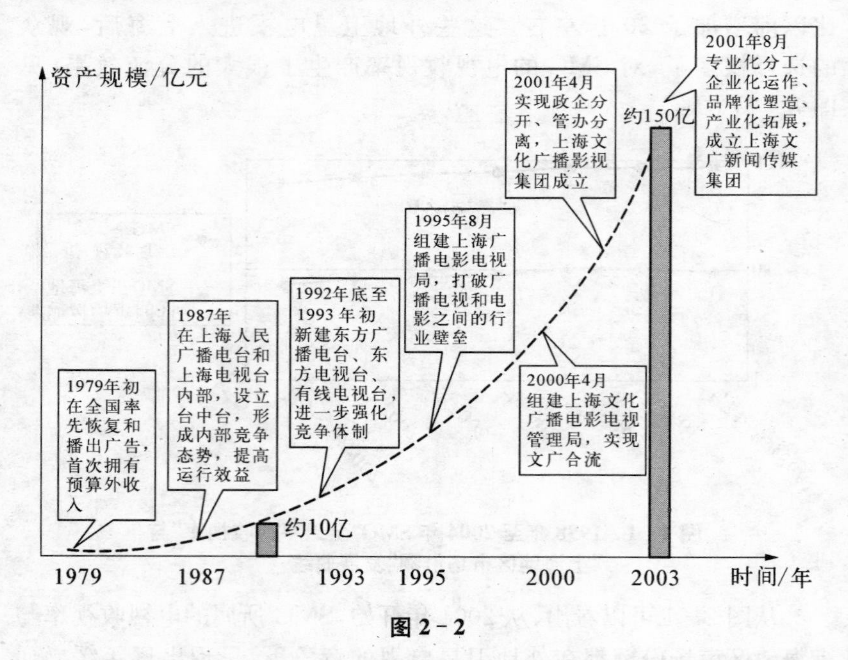

图 2－2

SMG 是上海文广系统走资源集约化、集团化经营道路并获得相当发展时的产物。它是文广集团（SMEG）的重要组成部分，经整合，SMG 现有频道（模拟）13 套、广播频率（模拟）11 套、报社 2 家、杂志 2 家。SMG 2004 年广告收入达到了 25 亿元，其主营业务收入和资产规模均居全国地方广播电视机构首位。自 2002 年 10 月以来，SMG 又推出了数字广播电视 108 套。数字节目播出时间和节目集成能力暂居全国第一。更为重要的是，SMG的资产规模和盈利能力在全国媒体中已跃居第二，仅次于中国广电集团。

SMG的高速发展离不开内部管控体系的支持，在SMG成立的近三年发展过程中，内部组织管控体系始终都是集团重点考虑的问题。集团成立以后，为提高效率、减少管理环节和管理成本，实行扁平化管理，集团首先取消了台级层面、直接面对频道和频率，实现了频道和频率总监负责制改革。在此基础上，集团进一步探索符合现代企业制度要求的集团化管理架构，以形成总部管理职能健全、管控有力，下属事业部相对独立运营、授权清晰的管理模式。目前集团管理层面由办公室、总编室、人力资源部、计划财务部、发展研究部、对外事务部、技术管理部、资产管理部、节目研发中心等集团职能部门组成，以较为专业的职能管理实施对事业部的指导和控制（集团组织结构图见图2-3）。

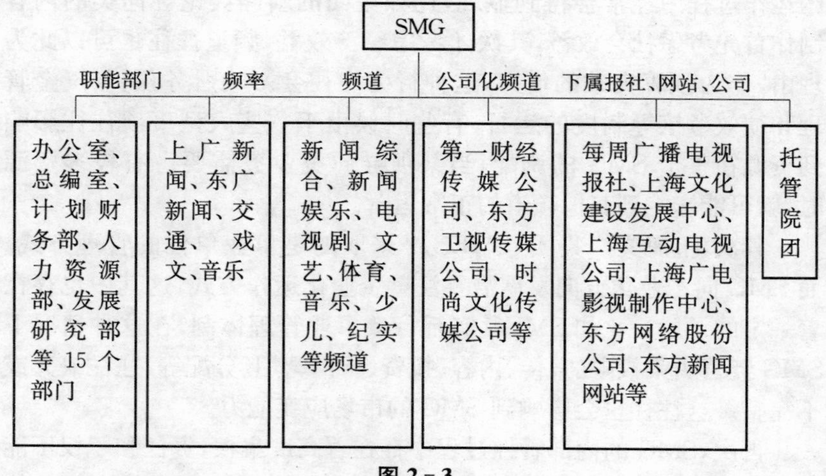

图2-3

从某种意义上说，SMG的内部管控体系试图通过严格确定集团与频道、频率各部门的授权范围与权限，建立起整齐划一、各司其职的科层体系，从而在集团内部建立起有序的运作秩序。这种管控体系在集团成立的近三年过程中确实发挥了一定的积极作用。但是，随着SMG的快速发展，这种管控体系所具有的不足之处逐渐开始暴露出来，根据本研究的长期研究，这种管控体系至少在集团治理与决策层面、业务模式层面以及管理与职能层面存在着一些与集团当前高速发展现状不尽相符的地方。

一、治理与决策层面

在集团治理与决策层面，SMG的内部管控体系集中面临着三方面的问题。首先，集团的组织定位与传媒产业化存在根本矛盾。从目前的组织定位来看，SMG更倾向于一元化的社会效益导向，而如果SMG要走传媒产业化的道路，其前提是企业成为市场竞争的主体，因此需要定位于社会效益与经济效益统一，从这个意义上说，当前的组织定位与产业化道路的未来定位存在着一定的矛盾。这种矛盾在集团运作过程中经常会得到显现，比如集团的新闻舆论导向类的内容制作首先考虑社会效益，其次才考虑经济效益，频道往往也可以此为理由，作为预算突破的借口，这种行为往往会影响财务预算、资金管理和绩效考核等制度的运行；有些时候由于一些大型事项往往影响到资源在整个SMG的调配，当某项导向类业务需要占有较多资源时，就可能影响到其他频道的正常运营。

其次，上海文广集团(SMEG)[①]采取的是事业单位的管理方式，而SMG向产业化方向发展需要注重企业化运作方式，这其中也存在着一定的矛盾。比如SMEG实行行政事业管理体制，在这种情况下SMG经营决策权限(宣传、内容、投资、干部聘用、分配等)往往缺失或不完整。这往往也会影响到SMG的市场应变能力。

再次，SMG的内部管控过程中存在着高度集权，责任和职权不能有效传递的现象。SMG高层与中层、职能部门与频道、频率之间的管理权限/责任在某些环节上仍不够清晰，授权不畅，主要高层承担的

① 上海文广集团(SMEG)是上海文广新闻传媒集团(SMG)的上级主管单位。

事务性决策、审批职能过多。从某种意义上说，SMEG 对 SMG 实施的事业管理模式在 SMG 内部继续向基层复制。在这种情况下，SMG 内的业务单元灵活性与应变能力在一定程度上受到了限制。在集团专门组织的一项调查中，仅有 46%的调查对象同意“集团决策层、总部职能部门与专业单元（频道、频率等）的工作权限与责任划分清晰”，仅有 48%的调查对象同意或非常同意“集团内各层级组织内部岗位的工作权限与责任划分清晰”（见图 2－4）。

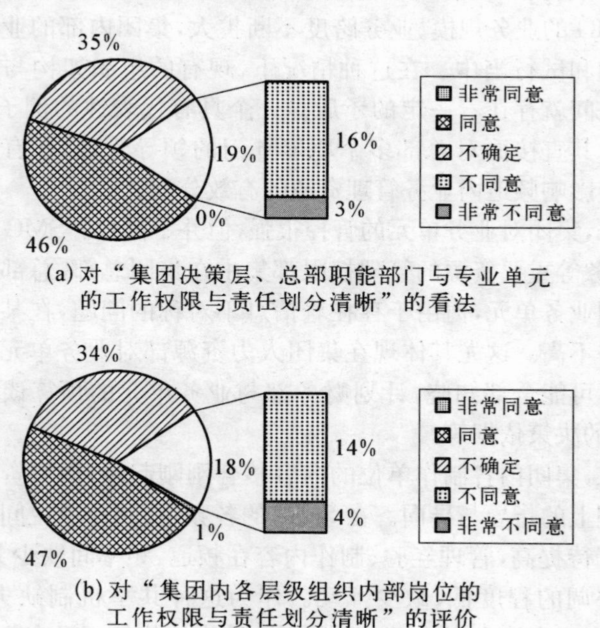

(a) 对“集团决策层、总部职能部门与专业单元的工作权限与责任划分清晰”的看法

(b) 对“集团内各层级组织内部岗位的工作权限与责任划分清晰”的评价

图 2－4

在集团治理与决策层面存在的组织管控问题对于 SMG 构建良好的（内部）决策环境，提升市场应变能力产生了一定的影响。

二、业务模式层面

SMG 的业务模式层面主要涉及集团日常管理流程、业务运作具体环节等工作，其对集团的发展具有很大的作用与贡献。本研究发现，在SMG的业务模式层面也存在一些环节上的管控问题，这集中表现在以下五个方面。

第一，组织架构不适应业务模式的变化。SMG采用的是事业单位的直线职能管理制组织架构(见图2－3)，高层管理人员的管理幅度很大，直接面对的具体经营事务过多，且总部职能部门受信息、业务知识的限制在有些时候不能提供有效的管理、决策和支持。与此同时，SMG的业务规模、业务跨度不断扩大，集团内部的业务整合在不断酝酿和试行当中。在这种情况下，现有的组织架构与快速扩张的业务之间就存在着一定的矛盾。一个具有代表性的例子是：频道专业化后其直接面对总部多个职能部门的领导管理，在有些时候这种境况会影响频道内业务管理资源的有效分配。

第二，集团对业务单元的管控很强，但并不高效。SMG内部涉及人事、财务等重要资源的管理权限都集中在集团总部，总部职能部门直接管到业务单元，但由于存在着信息不对称的问题，在某些时候管理实效并不高。这尤其体现在集团人力资源部对业务单元的奖金分配细节不可能全部知晓，计划财务部与业务单元的预算谈判缺乏科学、全面的决策依据等。

第三，集团内各制作单位的内容整合刚刚起步，内容资源的共享缺少管理上的指导与导向。在SMG的各频道、制作单位间相互沟通程度仍有待提高，管理经验、制作内容在频道、频率间缺少共享，资源整合与协调的程度低，缺少互动。作为这种共享机制缺失的后果，SMG作为一个综合型传媒，规模优势、跨媒体优势还没有充分显现出来。在集团针对资源共享进行的问卷调查中，仅有34％的调查对象同意或非常同意“自己工作部门了解其他部门遇到的问题/困难”，仅有57％的调查对象同意或非常同意“理解自己的日常工作是怎样影响集团内部的其他部门的”(见图2－5)。

第四，频道在特色与播出内容上错位不显著，受众市场方面存在内部竞争。SMG所辖的一些频道在节目定位方面，存在着一定

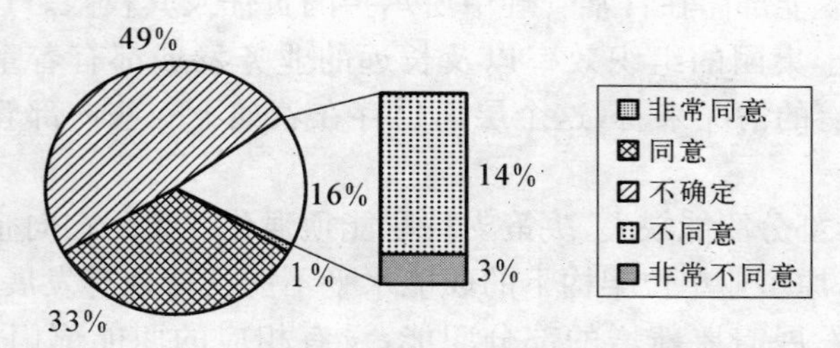

(a)对“自己工作部门了解其他部门遇到的问题/困难”的评价

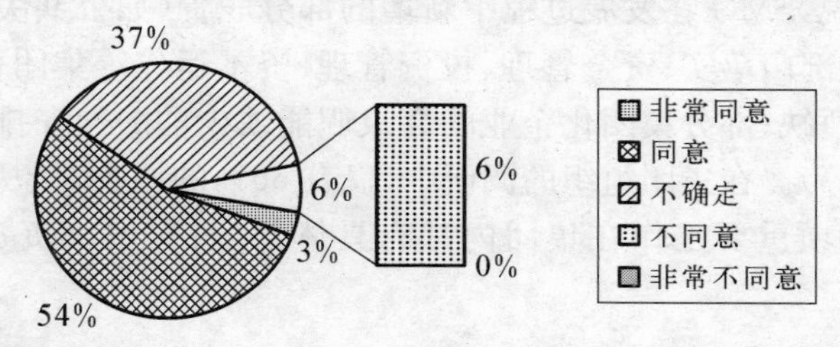

(b)对“理解自己的日常工作怎样影响集团内部的其他部门”的评价

图2-5

的重叠成分,观点风格趋同,造成了频道资源的浪费。这与集团内频道同外地卫视竞争不同,某些频道受众趋同导致的是更多的集团内竞争。此外,由于各频道播放均呈现一定程度的“综合性”,除少数业务单元外,没有聚焦专门的受众市场,这导致的结果是受众的忠诚度低。

第五,导向要求有时候成为市场化运作不充分的理由。新闻舆论导向与市场化运作本不存在太大的矛盾。但SMG旗下的一些频道、频率在担负新闻舆论导向任务的同时,往往会更多地强调社会效益导向而不计成本,这与传媒产业化运作所要求的社会效益和经济效益统一原则存在着一定的矛盾。

三、管理与职能层面

从集团的管理与职能层面观察问题主要将研究视角聚焦于集团

直属的各职能部门在日常管理中所承担的责任及其权限。这个层面的工作对于集团的组织效率以及长远的业务发展都有着重要的功效。从现有的情况来看,这个层面也存在着如下一些内部管控上的问题:

第一,部分职能缺失,决策支持职能须强化。集团在向企业化运作过程中,原事业单位架构下的职能水平不能支持现有发展,尤其是基于战略发展需要新增的部分职能,没有相应的职能部门、岗位落实。比如说,SMG在发展过程中新增的部分职责(如公共关系、法律事务)暂缺部门落实;资金管理、投资管理、资本运作等集团化企业的高级职能暂缺;部分集团化企业的高级职能缺少前瞻性安排(品牌管理与经营等)。在集团组织的调研中,仅有66%的调查对象同意或非常同意"每项重要工作在集团内都有具体部门、岗位来负责"(见图2-6)。

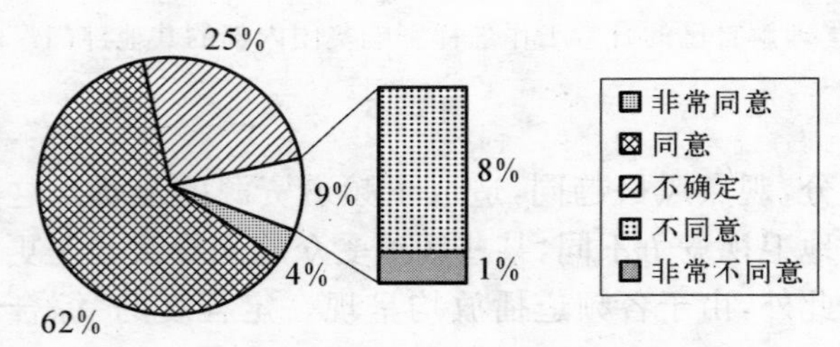

对"每项重要工作在集团内都有具体部门、岗位来负责"的评价

图2-6

第二,总部职能部门与业务单元相互间的管理关系模糊。总部职能部门沿袭事业单位的管理方式,与频道、频率等业务单元之间呈上下级关系。在这种情况下,频道面临来自总部职能部门的多头管理,频道总监疲于应付有关日常事务,既分散了频道的业务管理精力,同时又缺少必要的职能支持,以至于在实地调查中,某些频道的管理人员认为还是有电视台实体存在的方式比较好,因为那样的话来自集团的行政管理可由电视台承接,频道仅管业务就行了。在本

研究开展的过程中，专门制作了问卷并就“集团决策层、总部职能部门与专业单元（频道、频率等）的工作权限与责任划分清晰”与“集团内各层级组织内部岗位的工作权限与责任划分清晰”这两句话语展开了调查，结果如图 2－7 所示。

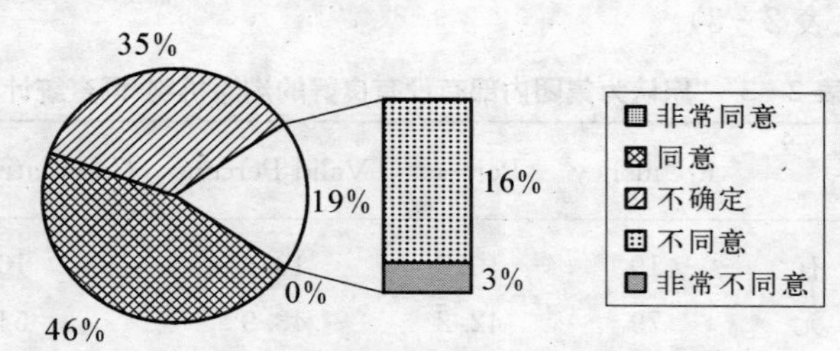

(a) 仅有46%的调查对象同意“集团决策层、总部职能部门与专业单元（频道、频率等）的工作权限与责任划分清晰”，没有调查对象表示非常同意

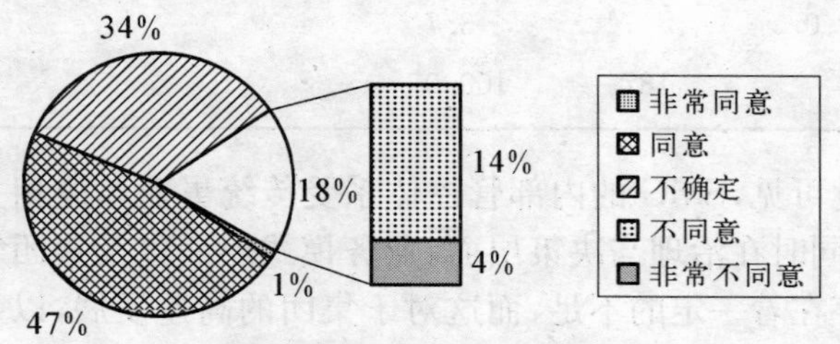

(b) 仅有48%的调查对象同意或非常同意“集团内各层级组织内部岗位的工作权限与责任划分清晰”

图 2－7

第三，内部管理信息在集团内部流转不畅。SMG 内的各个频道之间相互交流较少，而文稿系统（OA 系统）则分为两个，这对于信息的中转流通无疑是不利的。各个业务单元甚至自己制作相关软件，形成了许多的信息孤岛，信息之间的横向交流能力较弱。

第四，预算、计划和考核机制的科学性有待于进一步提高。目前 SMG 内部的预算、计划和考核等的制定主要是自上而下的，与有关参与方缺少有效的沟通，其科学性与合理性尚没有得到广泛的认同。在集团内展开的相关调查资料还显示，员工中同意或非常同意“集团有办法衡量决策的成果”的仅有30%，同意或非常同意“上下级间沟通的频率高的”仅有50%左右；同意或非常同意“上下级间沟通质量好”的也仅有50%左右，至于集团内的“沟通机制”，员工对它做出的评估就更为保守了，仅有10.6%的人同意“集团内有良好的沟通机制”(见表2-3)。

表2-3 “您认为集团内部有没有良好的沟通机制”调查统计表

		Frequency	Percent	Valid Percent	Cumulative Percent
Valid	有	19	10.2	10.6	10.6
	无	79	42.2	43.9	54.4
	不清楚	82	43.9	45.6	100.0
	Total	180	96.3	100.0	
Missing	0	7	3.7		
Total		187	100.0		

由此可见，SMG的内部管控体系受传统事业单位相关制度影响仍较深，同时在治理与决策层面、业务模式层面以及集团管理与职能层面都存在着一定的不足，而这对于集团的高速发展，以及应对越来越激烈的市场竞争无疑提供了一些发展的瓶颈，这些管控体系上的不足在SMG日常运作过程中正在以某种越来越清晰的形态被人们所感受。

第四节 “公共意义”在集团内的逐渐萌发

在这一节中，本文将把前文所提出的问题作一个简短的概括：上海文广新闻传媒集团从成立伊始就以宏大的规划和跻身世界一流传媒集团作为发展目标，在一系列远大战略目标的指引下，SMG开始逐步进入一个高速发展的阶段。不过在这一阶段中，SMG不但要面对来自外部的同行激烈竞争同时还要应对组织内部发展中的一些管理问题，逐步理顺内部管控体系。

而本文要着重指出的是，正是在上述这个内外压力并存的过程中，一种“危机感”和“不进则退”意识开始得到集团成员较为普遍的认同，这种意识逐渐被视为集团内的一种共享知识而发挥着“公共意义”的作用。

这种危机感和不进则退的公共意义之所以能够形成在很大程度上首先来自集团员工对 SMG 所处高度竞争环境的深刻认知。由于所处行业自身的特点，SMG 的员工对于同行业的相关发展信息总是能较为快速地把握，他们比其他职业的人群更清楚地知道当前中国传媒市场所面临的激烈竞争形式。在集团开展的一次针对频道、频率负责人，相关栏目、制作单位负责人的调查中，77.7%的受访者表示现在感受到了很强的“危机感”（见表 2－4）。

表 2－4 “您现在有无危机感”调查统计表

		Frequency	Percent	Valid Percent	Cumulative Percent
Valid	是	136	72.7	77.7	77.7
	否	39	20.9	22.3	100.0
	Total	175	93.6	100.0	
Missing	0	12	6.4		
Total		187	100.0		

同时，身处 SMG 的集团员工，在日常工作的过程中，也深刻地意识到了集团现有管理体制机制在许多方面仍有不尽完善之处，对于集团高速发展有着一定的阻碍。这种渴盼现有管理体制机制得到改善的心态，无形中又进一步增强了集团员工对危机感的感受程度。当被问及“您认为当前集团最迫切要做的是什么”时，在众多选项中“改善管理模式（机制）”这一项的比例是最高的，达到了 42.2%（见表 2－5）。

表 2-5 "您认为当前集团最迫切要做的工作是什么"调查统计

Category label	Code	Count	Pct of Responses	Pct of Cases
调整激励机制	1	31	11.7	28.4
提高人员素质	2	28	10.5	25.7
调整分配制度	3	24	9.0	22.0
放宽自主权	4	18	6.8	16.5
改善管理模式(机制)	5	46	17.3	42.2
领导人能力	6	17	6.4	15.6
职业道德建设	7	7	2.6	6.4
充分发挥人才作用	8	45	16.9	41.3
资金运作	9	10	3.8	9.2
提高自身实力、竞争力	10	40	15.0	36.7
	Total responses	266	100.0	244.0

78 missing cases; 109 valid cases

此外,集团内产生的危机感和不进则退的公共意义在一定程度上还归因于SMG为了应对外部竞争而采取的种种体制机制性措施。当SMG逐步意识到越来越具有威胁力的外部竞争后,其为了全面提升自己的竞争力,开始通过建立绩效考核、人才素质评估以及内部人员流动机制等(强调可上可下的灵活性)措施来督促员工提高工作绩效。从某种程度上说,集团在这一过程中,其实通过制度安排较为成功地在内部传递了外界对SMG的压力,让员工对自身所处的环境有了更为深刻的认识。在集团开展的一次课题调查中,某位频道总监曾说过这样一段话:

> 集团内员工的素养高低各不一样,有些人眼光远一些,对外部环境敏感一些,再一个,自己所处的岗位和职级也很重要,在

相对更高的职级上，考虑的问题就相对多一些，对外部的危机感也强一些。我们很多中层干部和好的制作人员都有这种危机感，总觉得总归有一天，会面临同行更厉害的竞争……但是呢，也有一些相对不敏感的，也不都因为是个人素质问题，有时候和你干什么工作也有关，有些工作总的来说，紧迫感就是相对弱一些，像××节目，基本上不会有什么外地媒体能对他们形成有效压力，因为上海人就认这个，那么集团就要通过一系列的考核、评估、竞岗来传递这种危机感，这样基本上大家都会产生这种紧迫的意识……

那么这种以“危机感”和“不进则退”的意识为标志的公共意义有什么作用呢？或者说对于改变 SMG 现有运作秩序有什么效用呢？对这个话题的深刻认识有必要回到理论论辩的历史之流中去。

在传统的组织社会学理论（以理性系统理论和自然系统理论为代表）视野中，公共知识或者说公共意义是一个被忽略的观察要素。人们或者从理性的出发点去考察那些被视为“唯一最好方案”对组织秩序的影响，或者从一个相反的角度去思考问题，从心理因素、人际关系以及微观行为自身的结构这些角度去阐发秩序生成的路径。直到以迈耶、鲍威尔、迪马鸠等人为代表的制度学派出现后，组织之外更大范围内的环境、公共知识、观念等要素才被引入分析的视野，而道格拉斯则在这方面提供了大量的人类学分析素材，并作出了更进一步的推进。制度学派围绕着“公共意义”提出了许多富有见地的观点。

首先，“公共意义”为相应的秩序提供了稳定的观念支持。经济学的解释路径往往会强调个人追求利益最大化的过程，可是循着这个逻辑至少有两方面的真实社会现象不能得到很好的解释：一是，组织的运行秩序为什么能以较为稳定的形式出现？人们的社会性行为的稳定性常常超越了经济利益的变动不居。如果我们用经济利益的变化来解释组织内某些秩序的稳定存在，我们往往会遇到许多困境[1]。如果用人们的“目的”或“设计”来做一种功能性的解释，我们也会碰到同样的困难。因为组织成员之间在日常生活中的利益冲突、认知上的种种矛盾恰恰无法为稳定的秩序提供一个可靠的基础。二是，一些组织内的重要制度——即便看不出什么明显的激励（或反向激励）——为什么能发挥效用？如果说人们的行为都寻求效用最大化的话，那么在没有激励的情况下，是什么促使他们遵守这些制度？就此而言，奥尔森时代的许多思考[2]都面临着解释上的困境。

而“公共意义”这一意涵与观察视角则为我们洞察组织中的秩序提供了另外一个重要的角度，这个角度有助于我们解答上面两个疑惑。道格拉斯根据其所掌握的许多人类学资料表明，公共意义为秩序的形成提供了某种观念上的可能，最初之时，人们对某种秩序的遵从除了可能的理性考虑外，还在很大程度上出于对某种（具有影响力的）观念、意义的认同。当某种秩序获得了人们在观念和意义上的认同后，那么它也就初步获得了某种观念上的支持，这种观念上的支持有可能会提供一种稳定的力量制约人们的行为。而一旦某种秩序建立在“公共意义”的基础上，它也就有可能度过其作为约定俗成的“惯例”最脆弱的阶段，逐渐演化为讨论其他问题的基础（比如，对公平问题的共同认同，导致了一系列以财税“杠杆”政策为基础的制度安排，而这些政策又逐步演化为讨论一个国家范围内其他社会政策的基础）。由此，我们看到“公共意义”在秩序建构过程中的重要意义。

随着“危机意识”和“不进则退”的观念逐步开始成为在SMG内部可以共享的“公共意义”，人们也就逐渐对可能出现的优化现有运行环境的某些制度安排表示了认可甚至期盼其到来，而且这种观念也逐步成为讨论其他话题的一个观念基础。

---

① 最近研究制度变迁的一些研究结果倾向于使用“沿着博弈均衡点演进”的观点去思考问题，这些研究其实在某些意义上都忽略了现有某些制度、秩序的高度稳定性。

② 可参见曼瑟尔·奥尔森：《集体行动的逻辑》，上海：三联书店2003年版。

具体地来说，以“危机意识”和“不进则退”的观念为标志的“公共意义”还在很大程度上包含了更为具体的如下观念意涵——这在集团展开的几次调研中得到了很鲜明的体现：

(1) 集团成员认为对 SMG 的内部管控制度必须进行某些新的革新，针对原有管控制度存在的一些问题，必须以大的魄力下决心改善。这种观念无论是在集团还是在频道、频率层面甚至在具体的业务单元都存在。人们的这种观念在很大程度上归因于对 SMG 即将面临的激烈竞争的某种担心，而这种担心又由于内部管控上存在的一些问题而进一步加强。在集团开展的调研中，某位频道的领导曾对内部机制表示过这样的看法：

> 现在这个机制啊，在很大程度上还不能很好地适应传媒产业化的要求，集团内在放权、分权上还有很多问题没有理顺。说是正在朝大型产业化传媒组织发展，但很多管理的经验还是建立在传统的基础上的，好在现在现实的竞争还不是最激烈，但是那一天总会到来的，尤其你的集团发展目标放得那么远，总要碰到竞争的，其实，我们现在已经碰到了一些信号，这些信号已经提醒我们要注意现有的管理机制，不管怎么说，自己培养起来的一些优秀人才为什么留不住？对不对，这些都表明，管理上肯定要考虑动一动……

(2) 即便未来的体制机制改革会触及一些部门的利益也是可以容忍的。对于即将到来的体制机制改革，人们更多地希望其能达到理顺和优化内部管理的目的，而对于它将有可能触动到的现有一些部门的利益、改变某些权益格局，人们却体现出了某种理解。更客观地说，现有管控体系存在的某些困境在很大程度上就由于现有机构、部门之间的权力划分不清晰，因此可以预期，未来的体制机制改革一定是以重新划分权力归属为标志的，对于这一点，集团成员都有较为深刻的认识。

(3) 未来的体制机制改革必须建立在科学的决策机制上。SMG现有的管控体系在很大程度上是建立在对传统管控方式的逐步改进基础上的,这种管控体系在建立的时候考虑得更多的是维护集团组建之初的稳定性,因此它有许多措施都带有"权宜"的特征,它并不是完全本着与业务发展相适应的目标而设计的,随着SMG业务的规模化发展,许多管控模式都出现了或多或少的不适之处。在这种背景下,集团成员都寄希望于未来的新制度,不过"科学设计"则成为集团成员对未来新体系的共同期望。

上述这些"公共意义"所包含的具体意涵都为集团未来推进的以"重塑秩序"为目标的体制机制改革提供了许多稳定的观念支持。正是在这种"公共意义"的基础上,许多集团推动的变革(即便会触及某些部门的利益)获得了最初的观念性支持。

第二章内容的逻辑发展脉络如图 2-8 所示。

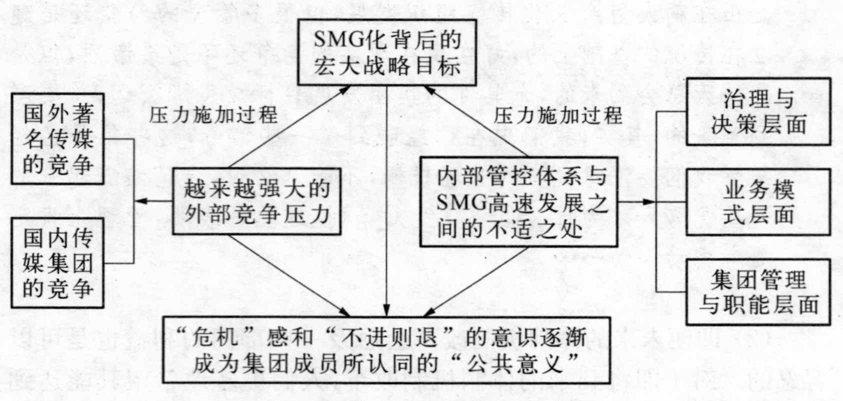

图 2-8 第二章内容的逻辑发展脉络

第三章 局部运行环境的结构概要

本章将具体地介绍由集团层面—频道、频率（下属节目制作单位）层面两个部分围绕薪酬分配、绩效评估和岗位三个人力资源领域核心问题而互动构成的局部运行环境的一般结构①。本章将重点关注这样几个问题：对于不同层面的行动者来说，他们各自的目标是什么？这些目标之间是否具备关联？他们达成各自目标的手段和资源各是什么？这些资源有没有可能会以某种方式受到约束？在动态达成目标的过程中，理性行动者们之间还会形成什么新的矛盾（或者说潜在矛盾）。这一系列问题将引领我们注意到集团的这个局部运行环境中发生的许多问题都具有交互的性质，而正是在这个具有高度交互性的问题框架背后，隐含着一种既区别于科层制度又有别于单纯理性选择的新型权力秩序。

第一节 集团人力资源工作的定位与目标

上海文广新闻传媒集团的人力资源工作承载着集团产业化发展的许多目标与需求，反映了集团制度性改革在人员管理上的许多诉求，因此在集团的内部管控体系中占有重要地位。具体来说，它包括对下属 40 余个频道、频率、报纸、文化演出团体以及公司的人事、薪

---

① 本文所指涉的"集团层面"指的是由集团人力资源部、相关主管领导以及其他发挥支持性作用的总部职能部门（比如提供相关数据的发展研究部、财务部等）构成的集团人力资源主管层面，本文主要分析其与频道、频率在薪酬、岗位、绩效评估方面的关系，至于集团人力资源主管层内部的关系，不在本文的分析范围之内。换言之，在以下的分析中，我们将假设集团人力资源主管层内部的观点与决策都是一致的。

酬、绩效评估等管理任务。从某种意义上来说,作为事业性单位的SMG 成立"人力资源部"(而非"组织人事处")之初就考虑到了现代产业化组织中人力资源的重要性,就意识到了人力资源在现代企业中是创造利润的源泉,是一种战略性资源,是组织系统的活力所在(就此而言与传统的组织人事管理有质的区别),因此集团对人力资源工作赋予了较为厚重的期盼。不过从集团组建近三年的运行过程来看,人力资源的相关工作正处于一个过渡阶段——正在从传统的人事管理阶段向现代企业的人力资源管理阶段过渡。这一点,研究者们也许可以从表 3-1 的归纳中得窥一斑。

表 3-1 文广传媒人力资源管理发展现状

	传统人事管理	文广传媒人力资源管理现状	现代企业人力资源管理
理 念	人力资源是一种成本的消耗,人事管理的任务是控制这种成本	逐渐认识到人力资源是一种重要的资源	人力资源是企业发展的第一资源、稀缺资源,是企业获取竞争优势的工具
内 容	档案关系、人事关系、劳动工资等事务性工作	已就现代人力资源管理的部分内容如薪酬、考核、培训等展开工作,但有待完善	工作涉及从人力资源规划、录用、整合、薪酬、考核、调控和开发的全过程
管理方式	人事管理只是人事部门的管理,忽略了高层管理人员与直线主管的人事管理职责	人力资源管理的职能仍仅停留在人力资源部门	全员参与的人力资源管理,对组织的发展战略起到强有力的支撑作用
总体特征	地位低、活动窄、偏保守、忽视人、以"事"为中心	处于过渡阶段,体制与机制尚不太稳定	层次高、活动广、重前瞻、重视人、以"人"为中心

"过渡阶段"是一个多少富有特殊含义的历史时期,从功能上

看，集团人力资源工作已经承担了相当一部分现代企业人力资源管理、开发的职责，但它同时也承担着一部分原有事业体制下的职责，比如：组织干部、党建、统战、职称、退休等职责。从管理机制上来看，集团人力资源工作虽然已经将效益机制、战略性人才开发等现代人力资源管理的原则作为组织管控的重要目标，但是它又受到了许多传统体制、制度安排的限制，比如在具体的用人总成本和薪酬总成本上，SMG都受上海文广集团(SMEG)的限制，其本身还不具备完全的决定权。从具体的运行方式上来看，集团人力资源工作在岗位设置、内部升迁设计和制度设计上都存在着较为明显的传统事业单位运行特征。集团人力资源工作的这种鲜明"过渡阶段"特征，在某种意义也成为深入进行机制改革的契机。

SMG人力资源工作承担着与集团发展密切相关的一系列重要职能，具体包括：通过招聘为集团选拔所需的各类人才；通过培训对人力资源进行持续地开发和利用；合理配置和管理集团现有人力资源；通过绩效管理对集团员工的价值创造过程和价值创造结果作出科学评价；通过制定合理的报酬体系为集团吸引、留住和稳定所需人才；人力资源制度建设、完善和实施；根据集团的人力资源状况制定人力资源发展战略；促进各部门间的有效沟通；帮助员工进行职业生涯规划，共九项职能[①]。

上述九项工作职能其实主要围绕着岗位、薪酬、绩效评估与培训四个核心环节展开，其中岗位、薪酬、绩效评估这三项工作彼此之间含有千丝万缕的关联，并且这三项工作也是集团、频道(频率)、基层制作单位关注的核心，而培训工作则相对独立，且各部门、层级在对待这一问题上的基本态度也较为一致，为了突显这一局部运行方式的复杂权力关系，本章的写作将紧密围绕着前三项事务展开。

① 上海文广传媒集团人力资源管理手册：《人力资源管控概述》。

一、集团在薪酬管理与绩效考核方面[①]的考虑与目标

SMG现行的职工薪酬分配方案强调的是"按劳分配、绩效挂钩,同时尝试将技术和管理等生产要素作为计算因素,纳入分配之中。分配重责任,兼顾资历;重实绩,兼顾职级;重奖励,严格失职追究。有成绩奖不封顶,无成绩奖不保底。按劳取酬,按绩得奖,总量控制,拉开档次,统一要求,放权分配,激励为主,兼顾普惠"。这一分配方案属于固定分配与绩效状况相结合的分配方案,这样一来,绩效考核过程就融入薪酬管理的整个流程中去,因此本文将薪酬管理与绩效考核两个部分列入同一个问题框架,观察集团在其中的管控任务与目标。具体来说,集团在薪酬管理与绩效考核方面的工作主要有两块,它们分别是:薪酬总额的确定以及根据绩效情况对下属各频道、职能部门、中心的每月薪酬总额加以测定。

SMG总部每年在薪酬管理方面的首要任务是确定当年的集团薪酬总额度。但与其他完全市场化运作的企业不同的是,SMG的年度薪酬总额并不是集团总部根据当年实现的业绩状况、自身发展速度来确定的,而是由SMG的上级主管单位SMEG(上海文广集团)根据SMG去年的薪酬基础,作一定上浮后予以确定的。就此而言,SMG并没有完全意义上的薪酬总额决定权,集团所能做的主要是与SMEG商谈具体的薪酬总额上浮比例。由于每年的薪酬总额上浮比例并不必然与当年的实际业绩挂钩,而是与SMG当年预计收入增长率相关,因此集团每年的薪酬总额的递增程度在很大程度上与集团和上级主管部门谈判能力的强弱有很大关系。为了保证集团在内部薪酬分配上有更大的自由调配空间,在与上级

---

① 在SMG的薪酬分配制度中,新闻传媒集团的党委书记、总裁的分配数字,由文广集团批准后执行。同时,SMG的电视部分和集团本部奉行的分配制度与广播、经营和报业部分的分配方案还有许多不同之处。本文所提到的薪酬与绩效管理主要指的是电视与集团本部的分配与绩效管理部分。

主管单位围绕年度薪酬总额而展开的谈判中，SMG 总部往往会花大力气，不过由于上级主管部门更多地要考虑系统内各单位的薪酬水平协调发展（SMEG 的上级主管部门对其也有薪酬上的整体控制方案），因此集团年度薪酬总额的上调程度仍是在较为有限的空间内进行的。

SMG 总部依据绩效情况对下属各频道、职能部门、中心的每月薪酬总额进行确定则是一个较为复杂的过程。在了解这个过程之前，首先有必要对 SMG 职工的薪酬构成有一个大致的了解。

一般来说，集团职工的薪酬构成主要包括三块（见图 3－1）：首先是基本工资（也称人头费），具体包括职务工资、各种津贴、补贴、房贴以及国家法定的福利等；其次是绩效奖金；第三块则为年度奖金。其中基本工资一项是基本不变的，而绩效奖金和年度奖金则随员工的工作绩效、表现、获奖与否等发生变化。

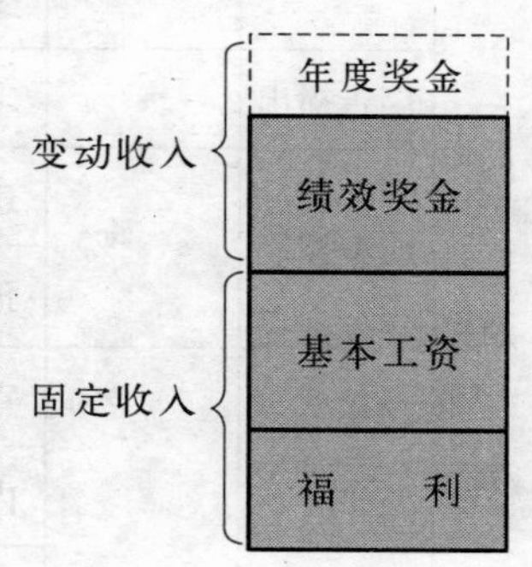

图 3－1 SMG 员工薪酬构成

在这种情况下，SMG 内各频道、职能部门与中心的每月薪酬总额主要由两部分构成，第一部分是基本工资总额，第二块是绩效奖金总额，其计算方法为

员工基本工资×人数＋绩效工资总额

其中，绩效工资总额由集团按照导向正确、所承担的任务及其完成情况、人员构成等因素切块下达。集团还专门成立了在总裁领导下，由集团分管领导、各职能部门和广告经营中心、节目营销中心负责人组成，以集团人力资源部为办事机构的绩效挂钩考核工作小组。由该小组每月对各部门的绩效奖金总额考核一次，在考核的基础上进行有升有降的动态管理。（表 3－1 显示了考核的主要指标——仅以频道为例）

表 3-1　绩效考核的主要指标——以频道为例

范围	考核项目	占绩效奖金比例	扣减因素	扣减比例
频道	节目质量	**%	频道平均收视率低于考核幅度	**%
			发生一级、二级、三级播出差错事故	**%
			未完成宣传任务或集团下达的获奖指标	**%
			受上级通报以上批评	**%
	广告播出	**%	未完成广告播出任务	**%
	成本控制	**%	违反成本控制有关规定	**%
			预算执行出现非正常超支	**%
	管理责任	**%	宣传管理松弛，危害宣传工作	**%
			内部管理不力，影响正常运作	**%
			发生违背职业道德的情况	**%
			队伍建设失责，影响集体声誉	**%
			精神文明建设无计划、无力度	**%

集团总部正是根据类似于表 3-1 的一定的考核项目对下属各频道、职能部门与中心的当月绩效进行考核后，再进行绩效奖金切块下达的(至于员工的个人绩效工资，则由频道、职能部门与中心的领导依据一定原则划分，下文将详细提及)。换言之，集团事先依据一定标准给下属各部门确定了一个“基准绩效工资总额”，然后再根据某些考核标准来决定是否在这个基础上进行增减。本文必须提醒读者注意，这种绩效奖金的确定过程在某种意义上缺乏与各部门的实际运行绩效的动态挂钩——因为各部门的“基准绩效工资总额”是早先

就预设好的，且更多的是与该部门的人员总数密切相关的。

集团在确定年度薪酬总额与下属各频道、职能部门、中心的每月绩效奖金总额的过程中有如下两个基本的目标与原则：

第一，总量控制的目标与原则。由于SMG的年度薪酬总额是确定的，集团总部也必须相应地对下属各部门的年度薪酬总额进行总量控制，而这实际上意味着各频道、职能部门与中心（尤其是业务单位）的工作绩效与奖金的挂钩程度是相对有限的。在这种薪酬分配方案下，创收多的业务单元并不可能得到太多的物质激励。在这种境况下即便是一些有一定创收空间的业务单元也有可能不愿意充分挖掘自身的营利潜力，他们认为在现有体制下搞太多的创收有失理性：创收虽然可能会超出目标，但经营预算外的业务需要花一定经费，其支出就可能会超出预算（出现了绩效考核中的“预算超支”），但却很难得到补偿和奖励。总的来说，在总量控制的目标与原则下，各个频道、职能部门与中心的每月薪酬总额是确定的，集团下属的各部门在薪酬总额的确定上没有什么决定权。

第二，集团以“人头数”为各下属部门薪酬总额的主要核算尺度。集团在确定各下属部门薪酬总额的过程中，“人头数”始终是一个非常重要的核算尺度，这表现为：不仅固定工资总数是按人头核算的，就连频道、职能部门、中心的“基准绩效奖金总额”也是按人头数核算的。

二、集团在岗位管理方面的考虑与目标

SMG在岗位管理方面主要的职责包括两个方面，它们是岗位设置和招聘用人这两个环节。

其中，现有的岗位体系集中体现了集团组建之初的某些考虑。在SMG组建之初，首先面临的一个问题是尽快把原先各自独立的各个电视台、广播台以及其他一些业务单位整合成一个集团整体。在这个过程中集团一方面要考虑到整体业务特点的合理分布，另一方面又要考虑到资源的充分整合，因此内部的岗位体系势必要进行一个调整。但是值得注意的是，在这个调整过程中，考虑到平稳过渡的

因素(这在集团组建之初是一个需要重点考虑的因素),集团所采用的岗位体系调整方案在某种意义上具有较强的折中性质:集团既要充分考虑到合并后各频道、频率的业务流程特征,注意将岗位体系与其对称,又要考虑到人心的稳定。出于各种考虑集团在总体指导的原则上不同程度地授予了下级各部门相对较大的岗位设置权限。一位集团的干部在回忆集团组建之初的岗位体系时曾说道:

因为是几个台合并起来的,当时的岗位体系是:干部是竞聘上岗的,员工是双向选择的。因为在此之前是几个台的架构,那时候变成了11个电视频道,10个广播频率。因为那些频道是重组的,比如说××,原来三个台都有××部,后来变成一个××频道,那么就意味着三个台的××部员工都要竞聘上岗,都要双向选择,那个时候是做过一次岗位设置的,很粗的也做过岗位说明书。当时的岗位设置基本上还是根据频道的定位,原来的时候,上海电视台是两个电视频道,上视一套和上视二套,都是综合性的。有线电视是六个频道(新闻财经频道、体育频道、电视剧频道、生活频道、音乐频道和戏曲频道),东视有两个频道,东视一套——新闻娱乐频道、东视二套。集团化后这些频道的定位发生了变化,变成了现在的情况。业务重组后,根据当时的业务流程定的岗位体系,然后在全体员工中进行双向选择,当时的目标是要平稳过渡,所以在一开始的岗位设计的过程中,可能会有不是很科学的地方,而且也有内部消化一部分人员的考虑。毕竟要考虑传媒集团的平稳过渡,毕竟不能让太多的人下岗。所以当时的岗位设计主要考虑的还是把人员分流进入不同的业务版块,有一个选择岗位的过程,更重要的是侧重这一点。下面的频道、频率也有很大的决定权,一般上报集团后,我们都会尊重他们的选择……

集团在招聘用人这个环节上具有最终决定权。集团人力资源部的重要职责之一就在于根据集团的战略发展目标制定人力资源发展

规划并通过外部招聘和内部调配的方式为集团选拔所需要的各类人才。从程序上来说,集团招聘过程包括以下几个基本环节:

(1) 提交需求。各单位(部门)根据用人需求情况,由部门人力资源负责人负责填写《招聘申请表》,确定部门需要新进的人数与岗位,报总监批准后,交集团人力资源部。集团人力资源部在充分考虑集团人力资源发展计划的同时,根据该部门的业务流程、人员饱和程度定下实际用工数和岗位数,并将其列入招聘计划。

(2) 选择招聘渠道。集团人力资源部根据实际情况从网络招聘、参加人才交流会、刊登报纸广告、猎头公司推荐等多种途径中选择合适的渠道。

(3) 对应聘资料进行保管并进行初步分析筛选。人力资源部对应聘人员的简历等资料录入专门的应聘资料库,并通过电脑系统对其进行资料整理、分类,定期将分析结果反馈给各单位、部门的人力资源负责人。各业务单位的负责人根据人力资源部提供的资料进行初步筛选,确定面试人选。

(4) 初试(基本素质)阶段。初试通常由人力资源部的相关负责人主持,并由人力资源部对应试者的成绩进行评估。同时,人力资源部负责在初试后将结果反馈至用工部门总监。

(5) 复试(专业技能)阶段。参加初试的人员是否需要参加复试,由集团人力资源部决定。在复试的过程中,用人部门的直接主管将对应试人员的成绩作出评估,并将筛选结果上报人力资源部。

(6) 审核、申报阶段。人力资源部负责对应聘人员的背景和资历进行审核,合格后报集团领导批准。

此外,各业务单元在日常工作中,除正式进人外往往还需要临时性用工,而临时用工的批准权和复核权也都在集团人力资源部。

总的来说,集团在招聘与用人的工作流程中,主要有三方面的考虑与原则。首先是用人成本总量控制的原则。由于SMG每年的用人成本都是由其上级主管单位SMEG核定的,因此SMG在每年考虑进人计划(包括临时性用工)时,"不超出用人总成本"是需要首要考虑的因素。

而用人总成本的确定实际上意味着集团每年的进人计划是有限的。其次，集团在招聘与用工过程中，往往会根据用人需求单位的业务发展状况来决定实际核定给其的新员工数。这在某种程度上也反映了集团提高各部门工作效率、避免人浮于事的努力。不过这里需要重点指出的是，集团对用人需求单位业务发展状况的判断在很多时候仍缺乏科学全面的依据，随意性程度较高。再次，集团在招聘与用人过程中，更多地会考虑到集团层面的战略发展计划——集团往往会在用人计划上对那些在发展战略中占有重要地位的部门作出一定的倾斜。

同时，集团在招聘与用人的过程中也始终面临着一些困境，这些困境中最重要的一个就是，对于各个业务部门到底需要多少岗位，没有一个科学的依据和标准。在集团开展的调研活动中，人力资源部的一位干部曾如此表达：

> ……现在最难的就是人力的配置、配置的多少。这么多年来，全国各个省市都没解决好。比如讲，一个频道，到底要配多少人，也没有文字的规定。假如有个频道以前播出是一天16个小时，人员配置是合适的，现在又开出了新的节目了，就觉得人手不够了，就又要人了。再一个是，我们现在人员流动从理论上是解决了，可进可出，但实际上没做到，人员进来以后退出较难，这就会使得有些人的工作量上不去，而另外又有些部门叫人手不够，年年都有这么叫的。……新节目多了是个原因，人的能力跟不上了也是个原因，再就是节目对人的要求高了，以及一些不确定的因素。有时还有一些突击性节目，多种因素使得很难定人数。所以一个频道究竟配多少人是个问题，……从来就没有一个客观准确的标准。

第二节 频道层面在人力资源工作上的目标与考虑

文广新闻传媒集团下属的频道是集团中的中层业务管理单位，一方面它承载着集团发展的某些战略目标，同时它又负责对下属的各个栏目等业务单位进行管理和业务指导。“业务单位”的这个属性，决定了人力资源工作并不是频道的专门性工作领域，实际上，从某种意义上看，人力资源工作更恰当的来说是嵌入在频道的日常管理、运行过程中的。因此，当本文试图分析频道层面在人力资源工作上的目标与考虑时，将会把频道层面的组织管控、业务发展等要素引入分析视野。

一、频道层面在薪酬与绩效考核方面的考虑与目标

正如前文所述，频道层面的薪酬总额是由集团核定的，频道自身在这一方面并无什么决定权。从这个意义上说，频道层面的薪酬管理任务主要是依据集团拟定的绩效考核方案对所属员工的工作业绩进行评估，进而确定其月度绩效奖金。集团在原则上制定出的绩效考核方案主要如下所述：

(1) 依照不同岗位所承担的责任轻重、风险大小、工作的复杂简单和难易，确定不同岗位的绩效奖金基础指数。当员工出现以下情况的时候，可以按比例扣减当月员工个人应得绩效奖金基础指数：① 未完成当月工作量；② 工作质量未达到应有水准；③ 因个人原因缺勤。如员工当月无工作量，绩效奖金基础指数则为 0(基础指数表样表如表 3－2 所示)。

表 3－2　绩效奖金基础指数表

管理岗位人员		专业岗位人员	
频道副主编	*～*	编辑	*～*
职能部门主管	*～*	记者	*～*
职能部门办事员	*～*	导演	*～*
职能部门分部门负责人	*～*	责任编辑	*～*

绩效奖金基础指数表示了一个员工尽职尽责完成分内任务所应获得的奖励。

(2) 在绩效奖金基础指数的基础上，有关部门还专门设计了专用指数(用于显示不同岗位的员工的获奖情况)、通用指数(用于显示所有岗位员工都适用的受嘉奖状况)、管理指数(用于显示管理岗位员工获得的成绩)以及失职追究指数(用于显示员工失职、犯错误的状况与程度)，用于对员工每月的表现进行动态评估。

集团制定的上述绩效考核方案属于指导性意见。集团同时授权各频道、职能部门、中心根据各自具体情况，对集团提出方案中的项目与指数作出补充和结构调整。

客观地来说，频道层面在确定员工每月薪酬总额上所遇到的困难要比集团层面确定频道每月薪酬总额所面临的困难更大，这是因为：集团只需要确定一个部门的薪酬总额，而当它这么做的时候，其更多的是按照人头数来进行核算的，集团并不需要直面一个个极富差异性的员工个体；而频道在确定员工薪酬总额的时候，其面对的却是一个个在工作态度、能力和成绩上有着很大差异的个体。而集团制订的绩效考核指导意见并没有办法很好地针对员工各方面的差异动态地给出一个富有说服力的分配意见——从现有的绩效考核指标体系来看，集团只对那些在某些方面有突出贡献或者犯有较为严重错误的员工的绩效奖金作出区别性的调整(而这两类行为恰恰对于为数众多的普通员工来说是"小概率事件")，整个考核方案对于那些在"卓越——犯大错误"这两极化标准当中的大多数员工缺乏有效的识别能力，这就导致了绩效奖金的固定化倾向。在个案研究的过程中，一位频道的相关干部曾对此表达了自己的看法：

现在这个绩效考核，它也提出要合理拉开差距，对好的作品也要奖励，但是，它如果仅仅从获奖等这些方面来制定指标，那可能就片面了，毕竟这种情况不是太普及，比如说，计划里是说，优秀作品要奖，我们集团还要另外奖励，如果是中国新闻奖一等奖、中国的最高新闻奖，一个奖就可能给他几万元钱，但是拿这个奖很难啊，一年台里能拿一个就蛮好了。大部分人其实都处于这个拿大奖与犯大错中间，但你不能不考虑他们的能力、工作积极性各方面的因素……可以依照我们的节目设置情况，人员情况，岗位情况，工作效率、效益，都可以做一个考核，但是实际上现在的计划和方案是一个比较简单的报酬的考核，做了多少事，就可以获得多少报酬。这就相当于给你一千元钱，然后你在这个盘子里进行考核，但这个考核就不足以伤筋动骨，好不足以激励他，坏不足以让他感到压力。

而绩效奖金的固定化倾向在很大程度上与频道层面的薪酬分配目标恰恰是相背离的。因为在日常的业务工作中，频道管理层往往需要运用薪酬（主要是绩效奖金）杠杆对业务骨干、积极分子等在业务方面有很大贡献的人员进行鼓励，一旦绩效奖金固定化后，这种鼓励就无法有效地实施。因此频道层面在薪酬管理与绩效考核方面往往有自身独特的目标与考虑：

这种目标集中体现为制定出一套适合本频道自身特点的新考核分配方案。在实际运作的过程中，频道实际实施的绩效考核分配方案总是会与集团的标准有一定距离。新考核分配方案甚至无法明言，但它往往具有两个主要特征：第一，能在薪酬待遇上区别出骨干、精英与非骨干力量；第二，尽可能地在频道薪酬总额的框架内，实现绩效与收入的最优配置。换言之，这种新考核分配方案其实是通过或多或少削减非骨干力量（尤其是那些能力较弱、所在岗位的技术水平不高的员工）的绩效奖金来增加骨干力量的收入，从而达到“能者多酬”的目标。一位频道管理层人员曾在访谈过程中谈到：

……虽然我们现在收益福利的盘子是封顶的，但是我们是拉开差距的。最低的人五百元、六百元，最高的人六七千元，差距是拉得很大的，就看你的表现。那么通常我们所谓特殊的奖励，临时突发性的奖励拉得比较大。比如说我们这次大师杯，领导给我们一笔钱,我们最高的奖励就是1万元,个人就拿1万元,一般的人就是两百元,我们看他的位子的重要性,我们还是要把重要的钱奖给那些有突破性、创造性的员工,而不是那种比较机械的工种,那种比较机械的工种我们就比较常规……

另一位干部的访谈则进一步点出了这种频道自行开展的绩效考核与分配方案的特点:

……我们整个部门最少的一个月奖金只有900元钱,最高的6 000元钱。因为好在我们互相就是说不公开收入,所以对他来说只要他觉得比原来还有所增加,那么他也觉得无所谓了,因为就是说这个差距我从来没有告诉他谁谁谁是拿900元钱的,谁谁谁是拿6 000元的,我从来没有去说过,从来没有公开过,所以大家就是各得其所……就是说我个人把一些次要岗位上的收入把它拿出来按人头分,让一些重要岗位的人拿去,相对来说我这里有一个特点,我这个部门的中层干部、年轻骨干、大学毕业后工作了两三年的,那么我对他们的奖励是比较大。我觉得工作都是他们做的,因为后勤保障类的都是50岁以上的快退休的,那我觉得有一个基本生活保障相比社会市场价格还是更高的,那我觉得可以低一点……

这位干部的谈话一语点中了频道自行开展的绩效考核与分配方案的某种重要特征,就是它的非完全透明性。由于在这种考核分配方案中,会削减一部分员工的绩效奖金用以奖励其他员工,出于各种考虑,频道管理层往往不会完全公开绩效考核的方式和指标。也正是部分归因于此,员工对奖金分配方案的合理性总有或多或少的"说不清"之感。

以下统计数据显示了在一次大规模问卷调查中,集团员工对"您认为现在的奖金分配制度是否合理"的反应(见表3-3)。

表 3-3 “您认为现在的奖金分配制度是否合理”调查统计汇总表

		Frequency	Percent	Valid Percent	Cumulative Percent
Valid	合理	7	3.7	3.9	3.9
	较合理	61	32.6	34.1	38.0
	不好说	76	40.6	42.5	80.4
	不合理	30	16.0	16.8	97.2
	很不合理	5	2.7	2.8	100.0
	Total	179	95.7	100.0	
Missing	0	8	4.3		
Total		187	100.0		

从表 3-3 中可以看出，选择“合理”的仅有 3.9%的员工，选择“较合理”的员工也不过 34.1%，而选择比例最高的一项恰恰是“不好说”，还分别有 16.8%和 2.8%的员工选择了“不合理”与“很不合理”两项。

二、频道层面在岗位管理方面的目标与考虑

频道层面在岗位管理方面的相关职权也包括两个方面，分别是岗位设置和招聘用人。

就岗位设置情况而言，在 SMG 组建之初，为了使岗位体系与各频道的业务特征、流程相适应，集团赋予频道层面较大的自主权。频道管理层可以依据自身的业务流程发展状况和自身管控特征，向集团提出岗位设置上的某些调整、变更申请，而集团在这方面也往往会较为尊重频道的态度。

不过，频道层面对岗位设置的考虑在许多时候还不仅仅限于业务流程方面，通过设置一些重要岗位（如管理岗位）并将其配备给频道内的骨干力量，在许多时候还会成为频道管理层激励员工的又一

种有效方式。这种激励方式可以在薪酬总额增长有限的情况下，有效地调动频道内一些骨干力量的积极性，因此也成为许多频道层管理人员乐于采用的方法①。

就招聘用人的情况而言，频道虽没有最终决定权，但却可以在一些重要环节上发挥作用。比如说，集团的招聘用人计划往往是建立在各个频道、频率的用人需求上，在上文中已经提到，招聘的第一个环节就是各个频道向集团提出用人申请，从这个意义上来说，频道的用人需求直接决定着集团招聘的数量与规模。又比如，频道的相关领导和部门在整个招聘过程中（尤其是在复试中），对于招聘人选的确定亦具有一定的决定权。集团人力资源部的一位干部曾对此一语中的地评论道："不要看人力资源部是招聘用人的主管单位，但是不断给我们布置任务的恰恰是下面的各个业务单位，他们不断要人，我们就相应地要不断进入到相关程序中去，所以从某种意义上讲，他们（频道）在这个问题上也是很有主动权的……"

频道在招聘用人的工作过程中，也有着自身的一些目标与考虑：第一，频道向集团提交用人计划的首要目标在很大程度上是为了适应频道及其下属栏目、节目制作单位的业务流程改造、工作量增加、节目改版等现实的需要。在这种情况下，频道往往不仅在用人数量上提出要求，而且还会强调自身对用人质量的某些关注。第二，在现有的薪酬分配格局下，频道向集团提交用人计划的一个潜在目标是增加频道的薪酬总额，进而增加频道、节目制作单位在薪酬分配上的"可支配余地"。如前所述，频道在实际运行过程中往往会采用"压缩一部分人的绩效奖金份额，以增加骨干、精英力量的薪酬总量"的做法，而这种分配方式能在多大程度上有效运作则与频道的总体薪酬数量有着很大关联。从这个意义上说，频道增加新员工不仅能为业务工作贡献一分力量，还能为频道管理层实施"拉开

① 正是在这种考虑下，部分频道的岗位设置情况离"管理最优"和"业务流程最优化"目标的初衷已经比较远了。而这正是后文改革所遇到的首要问题。

收入的内部分配”提供必要的空间和余地。实际上，正是由于增加新员工的编制对于频道内部分配有着较为重要影响力，一些频道总是倾向于多向集团要人。在个案研究的过程中，集团人力资源部的一位干部谈到：

> 再一个就是人员上面也有很复杂的情况，比如一个频道有一百个人，现在减掉了一些版面，一些节目关掉了，按说要有人退出，但它（频道）就不让人退出，因为有个人站那就占了一个人的人头费啊！它宁愿有一些人活可能不大多也不退人。但是要改版了，增加版面了，它又很快跑来问我们要人，要人头费。就这样，下面总是来要人，它有这个动力啊……所以，这些东西我就是讲一个现象，就是这些要人的问题怎么把它们科学化、规范化是个问题……
>
> ……下面的频道和频率首先不是来谈要人，而是说要改版增加新节目，要增加新栏目。一旦这些新节目获得上级相关职能部门审批，就开始找人力资源部要人。然后到年底的时候又要增加新的预算。虽然从财务和人力资源部的角度来说，会有一个总体控制的原则，但有的时候版面是先定的，有的时候你都没同意他节目就开出来了，有时候为了增加底下的创新积极性，你也不能完全不同意他们的要求……

正是在“要人—加人头费—扩大频道薪酬可支配余地”这种逻辑下，频道进人、增编制的动机得到了不断的强化。这里提出一个有趣的问题，难道基层制作单位真的需要这么多人吗？集团于2003年开展的一次问卷调研中曾有一道题目：“在各方面情况不变的情况下，作为频道一级的相关负责人，您更倾向于在‘增加员工’、‘大幅度增加人员效益分配’、‘同时增加’、‘应有两权之策’、‘实施业务考评，合理增加人员效益分配’这些方案中选择哪一项？”结果得出了如表3－4所示的统计数据。

表3-4 "如果您是频道总监,您会作何选择"调查统计汇总表

		Frequency	Percent	Valid Percent	Cumulative Percent
Valid	先考虑增加员工	20	10.7	12.4	12.4
	先考虑大幅度增加人员效益分配	128	68.4	79.5	91.9
	同时增加	4	2.1	2.5	94.4
	应该有两全之策,才能良性发展	6	3.2	3.7	98.1
	业务考评,合理增加人员效益分配	3	1.6	1.9	100.0
	Total	161	86.1	100.0	
Missing	0	26	13.9		
Total		187	100.0		

从表3-4中,我们能清晰地发现,选择率最高的一项恰恰是"先考虑大幅度增加人员效益分配",有效百分比达到了79.5%之多。而同时给出的"增加员工数"甚至"两者同时增加"选项的选择率都非常低(选择增加员工的为12.4%,而选择两者同时增加的仅为2.5%)。本研究认为,这项统计非常能说明一个问题:在频道要人问题背后隐含着的深层动力恰恰来自对薪酬总量增加的期盼。

第三节 集团—频道:一个张力结构的呈现

通过个别的分析集团层面和频道层面在薪酬、绩效考核与岗位问题这三个人力资源领域核心问题上的不同目标与考虑,本研究发现:在集团与频道层面之间较为清晰地显现出了一个呈现出较大张力的结构,在这个张力结构中,双方的目标与计算往往都有许多不尽

相同甚至矛盾的地方。通过更进一步深入的研究，我们发现这个张力结构沿着如下三个方向仍在不断强化中。

一、薪酬分配上呈现的紧张态势

SMG 对各个频道和业务单元的薪酬总量进行总体控制和切块化管理（当然，这也是在现有整体格局下的某种必然安排，它是 SMEG 对 SMG 实行薪酬总量控制的下延），同时它在个人薪酬计算这方面没有很好地制定出基于（可考察的）绩效的分配方案，而这与下属各频道为了实现各自发展战略，对人才素养要求越来越高、合理驱动、提升员工工作动力的期望是有一定矛盾的。因为在业务单位运作的过程中，往往需要运用薪酬杠杆对不同能力、积极性的人员作出不同的激励方案，许多频道方面的领导都倾向于认为，这种最佳方案至少有三方面的特征：充分考虑到不同岗位和员工能力的差异；与绩效高度挂钩，实行上不封顶，下不保底的分配方式——作为这种分配方式的保证，最终可能要改变按人头数计算频道薪酬总额的传统方式；实现 SMG 重要岗位的薪酬优势。由于频道的这些考虑在原有的分配方案中是无法整体顾及的，因此集团和频道之间在薪酬分配上体现出了较强的张力结构。

在本研究开展调研的过程中，有迹象显示，随着 SMG 一些员工的外流——被央视和其他海外媒体机构高薪挖走，频道层面对原有薪酬分配不满的态度也在逐步增长。这导致了薪酬问题上的张力始终处于一个紧张的过程中。

资料：SMG 经营者、中层管理人员和经营、技术骨干等核心岗位人才的薪酬水平和外资传媒和民营传媒企业比较有一定的差距。员工收入总体水平同北京、广东、湖南、江苏等地的广电系统和中央电视台等同行业中实力较强的媒体均有一定差距，这种差距尤其体现在频道一级的某些核心岗位上。SMG 人员流失的一个重要原因是报酬较低，员工流出后多是待遇大幅度上升，如某频道的一位员工在集团时的薪酬为 4 000～6 000 元/月，到其他媒体后变为 20 000 元/月。

资料：由于集团的薪酬分配无法向高素质的核心岗位人员倾斜，导致集团挽留高素质员工的能力不足。在集团开展的专项调研中，当员工被问及："集团是否有足够的能力挽留高素质的员工"时，68.75%的人持不认同的态度（见图 3-2）

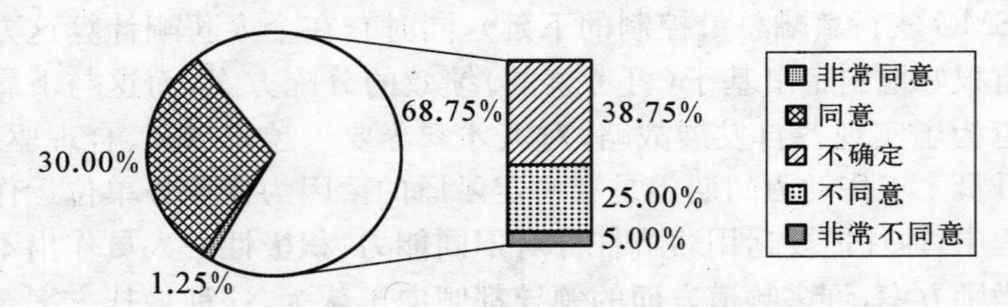

图 3-2 "集团有能力挽留高素质的员工"的调查结果

二、岗位设置上的张力结构

出于历史因素、稳定和其他因素的考虑，集团给频道一级的岗位设置留出了较大的权限，在近三年的发展过程中，各频道在自身范围内对岗位设置都作出了程度不一的各种调整，这种调整部分是由于业务发展的需要，部分考虑到了激励的因素，但缺乏宏观的战略性思考。而这与集团近年来提出的规范岗位体系，挖掘战略性岗位，优化岗位整体结构的目标发生了实际的矛盾。

从集团角度出发来观察，频道一级的现有岗位体系至少在以下几个方面表现出了不足之处，与集团的整体发展规划不能很好相容：

第一，岗位设置不健全。和集团事业发展相适应的一些岗位，如从事新项目寻找、论证和设计的岗位和从事节目研发的岗位均处于缺失状态。

第二，管理岗位设置缺乏科学的依据，管理层级有人为扩大的倾向。在不少频道内，往往会出现这样的情况，在一个人员数并不是很多的部门中，部门领导、副职领导和助理设置数目往往过高，导致管理层级过多，工作效率不高。

第三，岗位职责模糊、岗位名称各异。在频道一层的岗位管理中，岗位职责的梳理并没有得到足够的重视，且各频道往往在岗位名称设置上有较大的随意性，导致集团不便统一进行相关数据的横向比较。

由此可见，集团在岗位设置上的要求与频道层面的实际操作已经进入了一个具有较强张力的结构中。

三、进人问题上的张力结构

出于寻求在现有薪酬制度框架下尽可能增强频道(在绩效奖金方面)自我调拨余地的努力，频道层面往往会有很强的进人动机。随着这种动机的不断增强，其必然会与集团人力成本总量控制的基本原则发生矛盾。导致的结果是，每次集团大规模进人的过程实际上也就成为集团与下属频道围绕进人数量进行反复谈判、反复博弈的过程，频道和集团相关部门的工作人员往往都会因此而耗费大量精力。这个张力结构中所呈现的一个核心难题就是：在现有的岗位体系状况下，其实谁也拿不出一个可以作为岗位数量衡量依据的标准体系。于是每年的进人过程中，相关部门都在重复着差不多同样的过程：节目制作单位提出进人具体数——频道层衡量后对该数目进行略微下调——集团对频道上报的数目再进行一个向下的微调。

四、张力结构中的问题交互性

上述三条张力主线共同编制成了集团与频道之间围绕人力资源管理问题的更大范畴的张力结构。而在这个张力结构中，任何一方想要完全实现自身的目标，都会遇到许多难以克服的困难。这是因为，集团和频道都具备一些支持自身达成目标的资源[①]，比如集团

① 不同性质的资源对目标达成的贡献是不同的，有关这方面的内容，第四章中将会作出一个详细的分析，本章在此不作过多讨论。

在实现薪酬计划推广与绩效考核工作的时候，其所具备的制度性资源、信息支持资源都会为其达成目标发挥重要作用，而频道层在自身岗位设置、进人问题上也会得到诸如本频道内的民意支持，此外，频道往往还会把自身对某些专业知识、特殊流程的把握作为一种重要资源，借此与集团展开谈判。问题更为复杂之处在于，在集团与频道展开的具体谈判过程中，由于各方面的原因，其所掌握的资源有时候还会因为其他原因部分受到限制[①]。从这个意义上来说，无论集团还是频道都是在一个相互博弈的过程中部分地实现自身目标的，也正是因为目标总是"部分地实现"，因此集团和频道之间总保持着某种最低限度的"均衡"，这种"均衡"集中表现在：集团和频道都可以在双方可以接受的限度内达成共识，双方都不可能完全不顾及对方的考虑而作出决策——事实上，这种决策即便作出，也无法实现。一言概之，研究者可以从这种张力结构中，发现一个个动态平衡的过程。

从对这个张力结构所作出的思考中，我们也可以发现，早期组织社会学中的理性系统理论和自然系统理论对这种张力结构之存在都很难作出系统的解释：从理性系统理论的视角出发，那么集团完全可以通过设计一系列最优化的措施，或者通过严格要求频道层面遵守规定、操守来实现自身目标；从自然系统理论视角出发，人们将把观察重点放在微观行为结构之上，那么同样很难解释，为什么在某些环节，被理性系统理论认为"微弱刺激"（巴纳德）的集团结构性制约恰恰发生了重要效果。

同时，我们从上述这个张力结构中还发现了一个非常重要的现象，这就是组织世界中问题的交互性：在集团与频道之间的这个张力结构中，薪酬分配和进人这个看似不相关的问题由于 SMG 内部

---

① 举例而言，对集团来说，其所具备的信息搜集能力是较为完备的（由集团层面的各职能部门提供），但这种能力也会受到"注意力分配结构"的影响，当集团中发生其他重大事务的时候，集团针对人力资源某一部分的信息获取能力就会或多或少的受到限制。

特殊的分配制度而结成了一个非常紧密的正反回馈系统——频道在薪酬问题上受到了很大的限制(而且既然他们在部门薪酬总量确定这个环节相对是没有太大决定权的),于是为了获得更大的自由分配余地,便转而提出了更多的进人计划;由于用人数目一直在上升、SMG用人成本也一直上升,这反过来导致集团在考虑新的薪酬方案方面的余地也越来越小[①](因为用人成本的上升部分占去了集团薪酬总量递增部分很大空间,这导致集团的选择余地变小了)。此外,集团的绩效考核制度本应该在上述这个正反回馈系统中发挥调节的作用,以减小集团与频道之间的张力态势。但恰恰由于现有的绩效考核体系不能很好发挥作用,其自身在设计上也存在问题,这又进一步扩大了集团与频道之间在薪酬—进人环节上的张力。

> 问题的交互性,至少给研究者带来了两方面的启示:首先,它告诉我们,组织世界中的问题往往具有很强的相互关联性,因此当我们分析某个环节的问题时,必须将其置于更大的结构之中。整个组织就是一个各种关系交相荟萃的系统。其次,它提醒组织研究者,其使用的研究方法和研究工具必须在整体上对交互性的结构作出一定的安排。

最后,结合上述这个张力结构,再去思考SMG正在筹划的人力资源未来发展战略,我们会发现,如果不采取有效措施,弱化这个结构的张力,那么集团的未来人力资源发展是不可能实现战略目标的,甚至还有一种危险性会存在:这就是在推进未来人力资源发展战略的过程中,进一步强化了这个充满张力的结构(集团已有的一些战略设想如表3-5所示)。

① 在原有的制度框架下。

表 3-5 集团的战略设想一览

	薪　酬	绩效评估	用人(岗位问题)
战略目标	1. 逐步建立起以业绩为基础的二级薪酬预算,按照业绩确定薪酬而非根据人头数目。	1. 逐步建立适合文广集团运行的绩效管理执行体系,包括:绩效计划、持续反馈、绩效辅导、考核及应用、发展计划等部分。	1. 科学地设置岗位与编制,在促进高绩效工作的同时,控制岗位总量。
	2. 针对不同岗位使用不同薪酬模式(年薪、岗位职责工资制、岗位绩效工资制、谈判工资制)。	2. 建立透明的绩效考核制度,科学地应用绩效考核结果,并将其与薪酬制度、晋升制度紧密联系。	2. 实现岗位分类管理,打开员工的晋升通道,实现不同专业人才的管理由政府管控模式转向市场化管理。
	3. 采用灵活的薪酬结构与激励方式。	3. 对中层以上岗位建立以平衡记分卡(BSC)为基础的关键业绩指标(KPI)考核。	3. 通过职位分析建立统一的职级体系:对集团各个岗位系列中的岗位进行价值评估,确定各岗位在集团中的价值,并统一以职级表示。
改革思维着眼点	建立起对外具有竞争性、对内具有公平性的薪酬体系;逐步改变按人头定总量的方式;树立新的付薪理念。(按岗位、按绩效、按能力付薪)。	发挥绩效考核体系的综合功能,为员工薪酬、晋升、培训提供可信的依据;使绩效考核成为强化集团人力资源管理的“推进剂”。	岗位体系的开发成为集团破除同工不同酬、合理拉开收入差距、奖金—编制循环强化等坚冰的重要措施。

第四章 局部秩序的重建

——以集团推进的“岗位体系”建设为例

通过第三章的分析，我们发现了集团与频道层面围绕薪酬、绩效考核、岗位管理这三个人力资源领域核心问题而呈现出的张力结构，我们同样也作出了这样的分析：以某种有效的措施削弱这个结构中的张力是 SMG 未来人力资源发展战略的首要任务。实际上，SMG 总部在近三年的人力资源管控过程中也意识到了这一点，并开始着手通过采取推进“岗位体系”建设的方法来系统性地优化以往人力资源管控的各个环节，进而达到削弱张力结构的目标。

本章将详细地把集团推进“岗位体系”建设的过程展现在读者面前，同时本研究也将在这一部分中运用笔者在导论部分所提出的新分析框架以提供一个观察改革过程中复杂秩序生成的窗口。

第一节 集团推进岗位体系改革的背景与工作思路、原则

一、集团推进岗位体系建设工作的背景

SMG 推进的岗位体系建设工作是在集团高速发展过程中全面反思人力资源管控各环节的大背景下进行的。具体来说，集团推进这一工作的背景可以从以下几个方面分析：

第一，在近三年来的高速发展过程中，SMG 下属各频道、频率的业务流程、业务特点都有了很大的变化。当初设计的岗位体系在很大程度上是以适应 SMG 组建之初的各业务单元发展为目标的，现在看来，原有的岗位体系已经不能很好适应当前集团的业务发展状况。

第二，在长期的人力资源管控过程中，有关职能部门和集团总部

都意识到了当前存在的薪酬—进人环节的问题是一种结构性问题，它与SMG所实施的原有岗位体系计划密切相关。如果不对原有的岗位体系做一个较为彻底的梳理，那么薪酬—进人环节的问题将一直无法得到根本改善。

第三，在这些年的岗位建设过程中暴露出的一些问题，如人岗不符、忙闲不均和因人设岗等，都到了一个必须彻底清理的时刻。集团有关部门认为，这些问题由于都和具体的既得利益联系在一起，因此越往后处理这些问题就会越被动。

第四，集团现有的绩效考核方案在设计、指标选用和操作方式上都有许多不尽如人意之处，而且现行的绩效考核方案与员工的晋升、职业生涯规划等都没有建立起密切的联动。而新的岗位体系则可以把这些问题全部纳入框架中去。

第五，集团现有的岗位体系缺乏层次性，对于员工来说，缺乏充分发展的空间。目前集团的岗位设置中，行政、管理人员仅以行政职务进行区分，专业性技术人员仅以工种进行区分，没有在同一岗位内部设置出体现员工能力、业绩水平的岗位层次，相应的员工职业发展空间也无法建立。比如，目前集团的专业岗位如记者，不同能力和业务水平的记者被统一称之为“记者”，岗位设置没有层次性，最后大家只好都通过走行政晋升来体现自己的价值。

正是在上述背景下，新的岗位体系建设工作的需求变得越来越迫切。集团也开始把建设新的岗位体系工作当成未来集团发展的重点。

为了更好地推进岗位体系建设工作，SMG专门聘请了专业的企业管理咨询公司，并成立了由集团领导牵头，集团人力资源部和管理咨询公司共同组成联合工作小组负责建立SMG的岗位体系。

在多次沟通的基础上，联合工作小组初步制定了详细的工作流程：收集基础信息——资料分析——与业务单元或部门有关人员访谈——提出定岗定编初步方案——集团人力资源部与业务单元管理层或部门负责人第一次沟通——修改方案——集团人力资源部与业务单元管理层或部门负责人第二次沟通并达成共识——形成最终方案。并提出了建立岗位体系的明确目标：要把新的岗位体系作为集团人力资源管理的基石，建立新的岗位体系的目的是为SMG人力资源管理变革奠定基础。联合工作小组通过建立岗位体系，对频道、频率、职能部门的组织结构和业务流程进行了系统的梳理，进一步完善职能划分，并形成统一的岗位设置和职位说明书。而这将为SMG以后的招聘、竞聘、薪酬、考核、职业发展、人员流动、培训、人力资源规划等管理活动提供依据。

二、集团推进岗位体系建设工作的思路

基于岗位体系的SMG人力资源管理变革思路可以概括为以下五个方面：

1. 实行以岗定薪

集团先行的分配制度缺乏对岗位薪酬定位的统一衡量尺度，同岗不同酬、不同系列岗位的横向薪酬差异也无法合理解释，频道、频率、职能部门争相扩大编制以提高二次分配的灵活性。同时，由于集团先行的薪酬制度采用切块管理的方式，集团只能控制各部门各单位的薪酬总额，不能调控其结构，这导致集团缺乏统一的付薪理念。

建立岗位体系后，SMG可以借助职位评估体系对所有的岗位进行评估，以建立全集团统一的职级体系，实现统一以岗定薪。统一以岗定薪将提升集团内部薪酬的公平合理性，也有利于引导各部门各单位从关注编制转变为关注组织效率；更重要的是，集团可以借助对不同岗位实施不同薪酬模式、不同岗位实施不同薪酬结构、不同职级实施不同薪酬定位、推行强制分布法等措施调控各部门各单位的收入分配结构，以此来统一落实集团的付薪理念。

2. 建立考核机制

岗位体系建立后形成了全集团基本统一的岗位和职位说明书，职位说明书中的工作职责是岗位绩效考核的主要内容，集团一旦形成考核周期、考核模式、评价方法，考核结果应用等政策，就可以在各

部门各单位建立较为统一的绩效考核体系，实现与薪酬制度、人员流动制度的对接。

3. 逐步采用市场化用人机制

岗位体系建立后将逐步采用市场化的用人机制，第一是因事设岗，第二是招聘、竞聘、平调、晋升都以任职资格为标准，第三是杜绝不规范用工。

4. 逐步推行人员流动机制

岗位体系建立后，可以用任职资格检验能力、用绩效考核检验工作表现，借此发现能力和工作表现均不符合要求的淘汰对象。一旦集团形成有关配套措施，就可以推行人员有序流动。

5. 优化晋升格局

在建立频道、频率体系的过程中，形成了管理、行政、营运、采编播、制作、业务辅助等不同的岗位系列，并对核心岗位划分了职位序列，SMG可以据此对核心岗位推行职业发展计划，改变所有岗位单一向管理岗位晋升的局面。

三、建立岗位体系的基本原则

集团建立岗位体系的基本原则可以概括为定岗、定编与定员。其中定岗指的是根据部门或业务单元的职能定位和业务流程，按照因事设岗、分工明确、相互制衡、名称规范、通常性原则设置岗位。为了便于核心岗位的职业发展，在岗位设置中对核心岗位划分了职位序列。岗位设置的最终成果通过职位说明书反映，它包括了岗位的基本信息、工作目的、主要工作职责、决策范围和权限、任职资格等内容。

定编的原则是：在岗位设置的基础上，根据工作任务和工作量确定岗位的合理编制，并兼顾部门和业务单元的临时性任务以及动态发展要求。

业务单元的运营相对独立，栏目经常动态变化，长远而言，集团应注重控制业务单元的总编制和编制结构，具体岗位的编制设置可授权业务单元自主确定。业务单元的工作量主要取决于播出量，可以根据制作方式、播出方式、播出时段、节目类型等因素对栏目首播量进行折算，形成“业务单元总编制/业务单元折算首播量”、“栏目编制/栏目折算首播量”等历史数据，通过回归分析确定合理的标准，集团以此控制业务单元总编制和栏目编制。同时，集团可控制“管理岗位编制/总人数”、“业务辅助岗位编制/总人数”、“行政岗位编制/总人数”等比例。

定员的原则可以表述为：完成定岗定编后，可由各部门和业务单元根据岗位的任职资格进行竞聘上岗，考虑到业务的稳定运营和目前人员的实际情况，如果出现所有竞聘人员均不符合任职资格情况时，允许聘任最接近任职资格的人员，并将任职资格作为其努力目标。

定员分两轮进行，第一轮是非辅助类岗位，在本单位或本部门内进行竞聘；第二轮是任职资格较低的辅助类岗位，在集团内跨单位、跨部门进行竞聘，第二轮岗位竞聘时优先考虑在编人员，第一轮岗位竞聘时落聘的在编人员也可参加第二轮岗位竞聘。

第二节　集团推进岗位体系改革的过程与策略

从 2004 年开始，由集团人力资源部和专业咨询公司共同组建的联合工作小组开始具体地推进岗位体系建设工作。这个过程大致可以分为六个阶段：宣传动员期、调查摸底期、试点工作阶段、全面推进阶段、评估与调整阶段以及第二轮重点推进阶段。在整个过程中，我们能够发现集团相关部门和联合工作小组运用了大量的策略以实现自身目标。在这一部分中，我们将详细考察这么几个话题：集团推进岗位体系建设的整体过程是如何的？在这个过程中，集团有关部门运用了哪些灵活的策略？最终推进的效果如何？集团的推进工作在哪些环节上遇到了阻力？这些阻力是什么？在集团强大的推进攻势前，它们为什么能发挥效果？

一、集团推进岗位体系改革的过程

在集团全面推进岗位体系建设工作的最初时候，联合工作小组曾多次对未来的工作重点交换了意见。其中集团人力资源部提出了一个非常重要的话题，这就是集团实际上对下属各频道、频率的业务状况、岗位实际需求情况并不十分了解，而这往往会成为频道、频率在谈判过程中的重要筹码。根据以往的人力资源管控工作经验，在集团与频道之间围绕岗位问题开展谈判的过程中，频道总会以自身业务流程的特殊性为理由，对集团的制度安排提出种种“不适宜运用”的理由。联合工作小组一致认为，在这个环节上存在的集团与频道间信息不对称问题确实会对整个岗位体系建设能否顺利进行造成很大的影响。联合工作小组的一位干部在回忆当时的情况时谈道：

> ……我们一致觉得，首先要摸清楚频道、频率真实的业务流程和业务特点到底是什么？只有我们做到心里有数，这样在推岗位体系的时候才不会处于不利地位，因为我几乎想都不用想就知道，到时候具体谈判的时候，业务流程的特殊性是频道最拿手的谈判筹码。以前，我们就好多次在这个问题上不得不作出一些退让。你说特殊性有没有，确实有，但是肯定没有频道讲得那么大，而且这次专业咨询公司介入后更不一样，他们有这个技术，有这个方法保证摸清楚(频道、频率的业务流程)，到时候我们就可以分析他们的实际岗位需求程度，岗位设置是不是足够科学……记得当时，人力资源部的领导甚至要求，我们对具体情况的熟悉程度甚至要做到比频道总监还清楚，后来回忆起来，这个步骤实在是太有必要了……

从2004年5月开始，联合工作小组就开始工作了。按照最初的工作步骤，工作小组集中力量对各频道、频率的业务流程开展了调查。不过在这一阶段，为了摸清楚真实的情况，联合工作小组并没有公开调查的最终目标，其派驻到各频道、频率的调查访问人员有侧重地强调自己的工作目标：第一，“优化频道一级管理体系”；第二，“通过这次调查，了解频道中是否存在配置不足的辅助性岗位，如果确实有，集团会根据实际情况设法解决一批辅助人员的编制问题”；第三，“通过这次调查，集团希望获得一些全面的情况，以此作为全面改进薪酬分配制度的依据”。

联合工作小组所言的这些工作目标无疑都极大引起了频道和频率的兴趣，因为联合工作小组所做的这三方面工作都是当前频道、频率最需要解决的问题：就优化管理而言，这确实是频道、频率一级迫切希望能得到帮助的工作领域，因为频道、频率毕竟是业务单位，在日常管控上，它们既没有集团相关部门那么专业，也不可能花费太大的精力在这类事务上。就解决辅助岗位的问题而言，这也是频道、频率非常关注的问题。因为在过去的岗位配置中，集团确实存在着对某些辅助岗位（如摄影、灯光等）的配置不足问题，导致频道、频率只得以临时性用工、项目用工和季节性用工的方式从外单位或社会上聘请人员，而这客观上不利于频道、频率相关业务工作的长期开展。就全面改进薪酬分配方案来说，这无疑能获得频道、频率最大的兴趣，正如我们在第三章中所描述的那样，原有的薪酬方案在一定程度上不利于频道、频率对其员工实施全面的绩效激励。因此当联合工作小组在与频道、频率相关部门沟通中表明了上述三项工作目标后，都获得了频道、频率等业务单位的大力支持。这为调查的开展提供了很好的基础。联合工作小组的一位成员事后总结：

> 我们之所以能拿到那么多有效数据，然后在比较短的时间里就获得了频道、频率的业务流程，摸清楚了他们的岗位管理方案，这都和前期我们找准了双方工作的利益结合点是很有关系的。否则，第一，我们不可能这么顺利地就拿到这么多资料，我们不能保证这些资料的可信性程度。因为你通过集团统一部署的方式，用发命令的方式去做也可以。但是如果你那样做的话，

下面的单位没有积极性，它就不会大力配合。第二，我们这次的方法也比较科学，我们没有一上来就说，集团要动你们的岗位体系，要核定你们的岗位人数，然后如果你超出了，要退出多少人。这些话肯定不能在摸情况的时候说，否则你根本拿不到有效资料，下面有可能会把一些资料藏起来不让你摸清楚……最关键的是你首先要让他看到共同的利益，确实这个方案里共同利益是最大的一个方面，但确实可能有一些方面也会损害下面频道、频率的既得利益，但这个你必须要让它先感觉到共同利益更多后才能说……

在进入频道、频率内进行深入调查的过程中，联合工作小组又进一步挖掘到了不少集团和频道、频率间存在的共同利益。比如说薪酬体系的改革方向问题，联合工作小组发现，集团提到的解决"同工不同酬"问题和"增加核心岗位薪酬分配倾斜度"问题也是频道、频率最希望在短时间内解决的问题——甚至于说，在某些频道中，频道管理层对这些问题解决的迫切需求程度比集团还高。这是因为，同工不同酬的问题往往会直接影响到频道内人员的工作积极性问题——频道、频率内处于同一工作岗位且工作压力大致相当的员工，由于历史等因素，其收入之间有时候会有一定差距，这种差距往往会令员工产生"不公平"的感觉，进而不利于频道内管理。而增加核心岗位薪酬分配倾斜度则是大部分有人才流失现象的频道、频率都期望出现的问题。更多的共同利益结合点的呈现，为联合工作小组增加了改革的底气。

在摸情况的前期阶段，联合工作小组主要通过下发问卷和深入访谈的方式对频道、频率内管理层、普通员工和业务骨干的态度进行了一个初步的整理与分析。在这个过程中，联合工作小组通过参与式的工作方法，进一步体察到了频道、频率在日常管理岗位问题时的一些深层的感触，同时工作小组也通过访谈的方式，初步地调动了频道、频率内员工对未来改革的兴趣。在访问的过程中，工作小组往往会主动要求频道、频率工作人员发表自己对改革的看法。

经过对前一阶段工作的整理与分析，联合工作小组初步摸清了频道、频率对未来改革的承受与接纳能力。小组一致认为，整个岗位体系建设改革工作的整体方向是与频道、频率利益一致的，但也有可能会在一些技术性环节上发生冲撞。当时，小组成员经分析，认为集团与频道发生碰撞最有可能的环节就是在岗位设置的调整上以及对频道、频率总体岗位数的核定上。而要使集团在这个过程中保持有利地位，真正客观、科学地达成上述两个环节的改革，首先有必要依据各个频道的业务流程和实际状况，做出客观的岗位设置意见和岗位总数分析报告。

于是联合工作小组在第二阶段的摸底过程中，由专业咨询公司出面，在每个频道、频率中进行了四方面内容的调查：首先是要求频道、频率的每个员工填写岗位说明书，通过对岗位说明书进行分析，集团能对频道、频率内的岗位职责分布现状有一个较为细致的认识，然后咨询公司的专业研究人员会研究这个职责分布现状的合理化程度，了解频道、频率的岗位设置上是否有重叠之处；其次是填写工作负荷表，集团通过组织程序，要求频道、频率的每个员工都填写自己的工作负荷程度，并要求上一级主管对下级填写的资料进行负责，通过这个环节，集团较为系统地收集到了各频道、频率内的工作负荷程度总体状况；再次是由咨询公司出面，画出了每个业务单元的组织结构图，进而分析其岗位设置是否合理，管理层次是否恰当；最后，联合工作小组还收集了各业务单元的业务流程图。集团人力资源部和专业咨询公司的研究人员对这四份材料进行了深入的研究，很快制订了适宜于各个频道现有业务特点的相应的岗位体系计划书。这份计划书和以往集团所作出的类似规划不同，它完全是以频道、频率形成的独特业务流程为依据设计的。集团人力资源部的一位干部对此评价道：

我们这次工作中的这四份调查资料发挥的作用太大了。通过分析这个资料，我们第一次真正较为系统地了解了频道和频率的情况。比如说通过分析组织结构图，我马上就能发现哪里的管理岗位设置是不妥当的，比如说，这个部门一共就7个人，可是你频道里还给它设置了助理，这肯定不科学。然后通过分析工作负荷表，我们就知道其实你这个业务单元真正需要多少人，比如说，现在这个业务单元有10个人，但是其中有3个人的岗位负荷表显示他们的负荷是不足的，大约只用了70%的精力，那么我们就可以说，你这个业务单元其实只要9个人就足够了——好在他们的岗位负荷表当时都是一级级把关的，员工也不好乱填，你平时不大忙的，你填100%负荷你的直线主管和同事都不会答应。所以这个资料的整体可信程度还是比较高的……可以说，这是第一次，我们有比较足的底气，频道、频率再来谈什么特殊性的时候，我们把数据分析报告给他们一看，就比较有说服力……

在有了较为科学而又可信的岗位体系推进具体计划后，联合工作小组面临的首要一个难题是，先找哪个单位做试点？因为联合工作小组认为像这次规模这么大的岗位体系推进工作，肯定不能在不做试点工作的情况下就全集团推进。而如果要找试点单位，那么先找哪家单位合适呢？

当时在联合工作小组中有两种不同的观点，一种观点认为可以先从规模比较小的比较容易推进方案的频道着手，这样做的好处是能够很快"打响第一炮"，而且风险相对较小。另一种观点则认为应该从规模比较大，在整个SMG中有很大影响力的单位做起，这样做的好处是，能够很快树立起一个有效的示范典型，而且能把未来整体推进的困难做一个充分的体验。但这种做法的风险相对比较大，根据以往的经验，规模大、具有示范效应的频道往往都具有很强的讨价还价能力，万一没有谈成功，会对整个岗位体系推进方案造成很大的负面影响。

通过反复的讨论，联合工作小组最后决定采纳后一种方案：从集团中挑选某个大频道（以下称 A 频道）作为首次推进岗位体系建设的试点单位。这样做主要有多方面的考虑：首先，A 频道在整个 SMG 中具有典型意义，无论是从创收还是从收视率、建制上来说，它在整个集团中都是名列前茅的，在集团内具有重大影响。其次，人力资源部发现，该频道早在 2003 年就曾经探索性地做过本频道的岗位薪酬方案研究，其在做的过程中已经提出了很多可借鉴的经验，更重要的是，这说明该频道对于改革的需求是迫切的。再次，A 频道做的岗位薪酬方案研究曾上报到集团人力资源部，因此人力资源部对它的需求、改革的底线、对于可能的利益受损可接受程度都有一个较为清晰的把握。从试点的角度来说，寻找一家底细摸得较清楚的单位做基地显然是合理的。

在与 A 频道正式谈岗位体系改革方案之前，联合工作小组做了充分的准备工作。因为当时，集团已经意识到了要让 A 频道接受新的岗位体系方案会有很大的困难。当人力资源部详细分析该频道于 2003 年上报的薪酬推进改革方案的时候，有关人员发现该方案与集团拟在 A 频道实施的方案有很大的差距。因此联合工作小组在准备的过程中，开始着力寻求每一个站得住脚的数据和资料支持，并制订了一个充满策略性的工作步骤：谈判从基层业务单位开始，慢慢的自下而上实现整体推进。咨询公司的一位专家曾对此做出过解释：

集团现在的这个方案肯定是有很大的科学依据的，但问题在于，我们核算出的岗位数和频道、频率之间的差距比较大。如果我们自上往下谈的话，那么谈崩的可能性是非常大的。因为频道、频率会不理解，它不知道其实它自己的方案里，已经蕴涵了以人头数增加薪酬总量的潜意识，这种方法在以前的薪酬分配方案下可以追求更大的利益，但在将来的新岗位体系薪酬方案中就失去了意义。但是这个道理你不可能马上让频道、频率明白过来，而且坦率地说，它们也不一定对未来的新岗位体系计划能否真的生效抱很大的信心。在这种情况下，我们只有从基层制作单位往上谈，给每个基层制作单位摆数据，说服他们。我们的方案下，肯定不会出现基层制作单位没法做工作的情况，然后，栏目、节目一级的业务单位都谈拢了，再去找频道和频率，他们就会明白，原来按照现有的方案是不影响他工作的，而且还优化了它的管理，还推进了薪酬方案，这样他才会接纳……

上述访谈资料表明，集团联合工作小组在与A频道展开谈判之前已经制作出较为可行的策略性步骤，以后的实际操作情况最后证明，这种策略其实是非常成功且必要的。

按照事先计划好的方案，联合工作小组第一次去A频道谈具体岗位体系推进工作事宜的时候，首先谈了这次推进工作的几个大原则：第一，未来开展的工作，仅仅是谈方案，在集团正式决定之前，方案中的事情都不是立即生效的，都是可以彼此谈判、沟通协商的。第二，如果新方案生效的话，这个方案是一个岗位、薪酬、绩效三位一体的新方案，而在新方案生效之前，原有的薪酬分配是不变的。第三，如果新方案生效的话，集团是允许适度的人员退出的①。第四，新的薪酬方案是一个岗薪的概念，是要做职位评估的，如果频道的某些岗位明明是一个人可以做的，但是却分给两个人做，那么职位评估下来，这两个岗位的薪酬都会很低，所以集团倾向于让每个岗位的工作量比较饱满②。而联合工作小组所提的这几个大原则，A频道的整个管理层都是同意的。

接下来进行具体谈判，这时，前期调查所收集的资料就发挥了很大的作用。工作小组向每个业务单元提出的岗位体系方案都以大量的调查资料为依据，同时他们也提出非常可操作的具体岗位设置标

① 因为联合工作小组之前讨论认为，如果实际上给的频道的岗位数与其心目中的理想数字距离比较大的话，那么允许适度的人员退出将有助于频道接受集团的方案。

② 这个话是很有道理的，因为频道很希望这样，他们也希望用少的岗位，但每个岗位都很值钱，而不是用大量的岗位，但每个岗位的薪酬都很低。

准——实际上,在推进工作的过程中,业务单位基本上对这个标准都没有太大的异议。在实际谈判的过程中,联合工作小组发现了一个影响达成共识的障碍,这就是如果集团要变动或撤消业务单位中的一些管理性岗位的话,阻力往往会比较大,因为这涉及了大量的具体的利益。在这种情况下,联合工作小组花大力气向A频道解释了新的岗位体系方案中的一大特点,这就是提供多方面的职业发展晋升空间。工作小组往往会特别强调的一点是:在以前的岗位体系中,记者就是记者、编辑就是编辑,是没有职级的,所以人们只有通过行政上的升迁来分出级别;但在新的方案中,同样的岗位里也会分出职级,比如首席记者、资深记者等,在这种情况下没有必要通过行政的职位来解决发展的问题。在很大程度上,联合工作小组的这种工作努力发挥了效果,他们最终说服了A频道取消了一些不必要的管理层级。

总的来说,在和A频道谈判的过程中,虽然有些方面发生了一些碰撞,但基本上集团还是达成了岗位体系改革的目标。在这个过程中,有几方面的因素发挥了重要作用:首先,新的岗位体系方案较之前的方案在各方面都要科学得多,它的许多环节都是经过严密论证和科学测算的,这一点非常能打动A频道。其次,在谈判的过程中,集团事先收集到的大量资料和后来制定出的标准发挥了很大的作用,因为频道和栏目、节目制作单位自己往往吃不准自己到底需要多少人,当集团展现出事先所做的分析资料后,他们往往找不到反驳的可靠依据。再次,集团党委在这次岗位体系推进过程中一再强调的“寻找共同点”战术发挥了很大的作用,联合工作小组往往在谈判的过程中主动地向A频道的相关部门介绍新方案推广后能帮助频道解决的问题,而这往往很能打动后者。联合工作小组参与和A频道谈判的一位主要干部对此发表了看法:

我们要让他们觉得,这总的来说还是一个很科学的方案。我也和他们说,如果你们完全没有任何动力做这件事,那么我们晚一些再谈，我是希望你们借集团做这件事来优化自己的内部管理，把一些靠你个人的力量、频道的力量来不好做的事情借这次我们把它共同做掉。在这些问题上，大家还是有很多原则上的共识的。这些共识在说服频道方面发挥了重要作用。

在基本上与A频道达成了对改革方案的共识后，集团开始把方案在全集团推广的第一轮总体推进计划。在这个过程中，"A频道已经接受了改革方案"的事实在说服其他频道、频率的过程中确实发挥了重要作用。

同时，在第一轮谈判过程中，集团联合工作小组继续注意提炼新的工作策略。他们往往会区别性地对待在改革问题上态度不一的单位。比如说，像A频道这样较为积极配合完成改革计划的，集团有关职能部门往往也会注意帮它们解决一些在推改革计划过程中发现的困难，人力资源部的一位干部在调研中就举了以下的例子：

比如说A频道的摄像问题，集团进人有一个问题，每年进人的时候进大学生是最容易的，那些摄像是不可能通过大学生的渠道进来的，所以这些人长期以来一直进不来，就一直靠打工的形式留在集团。以前这个问题一直没有得到系统地梳理，但这次不同，我们做了大量调查，所以我们这次也是认为，如果这些摄像确实是需要的，那么我们该进的也进，可以把他们转成正式编制。我们是来做合理化设计的，也不是完全来卡下面岗位的。另外，在长期过程中有一些辅助性岗位实际上没有配足的，所以我们也会给他们一些略微的增量。……这样频道、频率就会觉得，原来我早点把岗位改革计划定掉，还是可以更快解决一些问题的……

总的来说，整个第一轮岗位体系推进过程中，大部分方案都能得到频道、频率的认同，无非是在有些岗位上集团的控制偏紧，而频道、频率要的数目较多。每当遇到这类情况，实在谈不拢，集团联合工作小组就会暂时搁置这样的问题。等到第一轮的岗位体系改革全部结束之后，集团再对这些搁置的问题进行具体的评估，在不违反整个改革方向和原则的基础上，对于一些调整可能产生触动较大的环节，集团往往稍微作出一定的让步，而对于集团认为并没有对频道、频率业务流程造成很大触动的环节，联合工作小组往往会在第二轮谈判过程中，通过做工作、展示资料的方式说服频道、频率作出让步。集团人力资源部的一位领导称这个过程为摸底线的过程，他说：

> 在和他们谈的时候，我们往往会发现，频道、频率用各种理由说这个岗位一定要的，另外一个一定要的，然后我们逐渐发现他们其实是在死守一个岗位底数，后来我们就发现，这其实也是频道、频率的一个心理底线。如果集团硬要突破这个底线，可能困难也很大。……

总的来说，集团开展的这次岗位体系改革基本上达成了整体推进的目标。但也在某些工作环节上遇到了不小的阻力，这些阻力主要包括：

某些频道往往会强调自身工作所具有的很大不确定性特点。通过强调这种工作任务的不确定性而找到了一个有利于保护本频道原有岗位体系的重要空间。比如像某个经常承担重大宣传任务的频道，就一再向联合工作小组表示，自己经常要做好应对各种突发宣传任务的准备，而这些具有不确定因素特征的突发宣传任务往往是集团和频道都无法预估的，为了使自己具有应对这种不确定宣传任务的能力，必须要保留特定的岗位。而在这些不确定的宣传任务面前，集团之前所做的大量调查的解释有效性也受到了很大的限制（因为集团之前的调查往往是基于正常的常规性业务而进行的）。

一些频道往往会通过在其他相关制度安排上寻求突破口的方法，间接地突破集团在这次岗位体系改革中所作出的若干安排。比如某个频道在岗位体系改革推进过程中，向集团其他主管职能部门——总编室提出改版申请，在获得批准后，突破了集团事先作出的计划安排（根据传媒业的一般运作规律，当某个频道新增或改变原有版面之时，其岗位配置情况也要作出某些调整。）

二、集团推进岗位体系改革过程中的策略性措施

在整个岗位体系推进过程中，集团联合工作小组通过运用大量策略性工作方法，取得了很大的成就——基本上达成了全集团范围内的岗位体系推进目标。这些策略性工作方法归结起来大致有五种：

第一，通过技术性手段和专业咨询力量的支持，对频道、频率的业务结构有一个清晰的认识，并逐步摸清频道、频率谈判的底线。实际上，集团联合工作小组在改革方案推进之前开展的调查所收集的资料，在后来的谈判过程中发挥了重要的作用。

第二，努力寻求谈判的利益均衡点，在"求同"中寻求双方都可以接纳的方案。在这次改革过程中，集团通过各种方式、途径让频道、频率意识到：通过岗位体系改革有可能会达成一个双方共赢的局面，而这一点对于频道、频率能在多大程度上接受改革方案有着很大的帮助。

第三，找准了改革推进的试点单位。后来的实践过程证明，集团联合工作小组以A频道为试点单位的推进策略发挥的效果是显著的。这体现为两个方面：一方面，由于A频道在整个集团中具有典型示范意义，因此集团在A频道中实现了改革方案的推广，在很大程度上加深了其他频道对改革的接纳程度；另一方面，A频道作为一个在建制方面规模较大的业务单位，它对新方案的反弹在很大意义上具有普遍代表性意义，集团在与A频道开展谈判的过程中也摸索了许多新的规律。

第四，以合适的方式推进改革步骤。这次集团推进岗位体系改革的过程中，联合工作小组往往采用较为灵活的方式结合每个频道自身的特点开展推进工作，这也为改革的顺利进行发挥了重要的作

用。比如，在与A频道开展谈判的过程中，联合工作小组就采用了自下而上的谈判方法，碰到了较小的阻力。

第五，对于频道、频率是否采取积极的态度配合集团完成改革的行为给予了不同的回应。在这次改革过程中，集团的这一举措也发挥了重要的作用。

三、集团推进岗位体系改革的效用

通过这次岗位体系改革，文广新闻传媒集团的人力资源管理工作得到了相当的改善，原有的围绕薪酬、绩效考核与岗位管理问题而处于集团与频道、频率之间的结构性张力有望得到一定的缓解，这集中体现在两个方面：

首先，正如前文曾多次提到的那样，SMG原有的员工薪酬分配方案在很大程度上是与人头数挂钩的，因此频道、频率往往争相扩大编制以提高两次分配的灵活性。而通过岗位体系改革，可以借助职位评估体系对所有的岗位进行评估，以建立全集团统一的职级体系，实现统一以岗定薪。统一以岗定薪将提升集团内部薪酬的公平合理性，也有利于引导各部门各单位从关注编制转变为关注组织效率；更重要的是，集团可以借助对不同岗位实施不同薪酬模式、不同岗位实施不同薪酬结构、不同职级实施不同薪酬定位、推行强制分布法等措施调控各部门各单位的收入分配结构，以此来统一落实集团的付薪理念。这在一定程度上弱化了改革之前存在的"薪酬—要人"两个环节上的逻辑关系。

其次，在以往的人力资源管控体系中，集团对于频道、频率中各个业务单元的人员饱和程度、新员工需求程度并没有一个较为清晰的认识，这导致集团在每年的进人计划上都很难以一种较为科学、全面的标准作为依据。而相反，频道、频率在这个环节上却拥有相对较强的信息不对称优势。通过这次岗位体系的改革工作，集团系统地梳理了各频道、频率的岗位饱和程度，并对各部门员工的工作负荷程度有了一个相对清晰的了解，这在一定意义上强化了集团在进人问题上的决策能力。集团人力资源部的一位干部曾对此总结道：

集团建立这样一个岗位体系，在某种程度上也梳理了集团内部的各部门的岗位饱和程度，这个倒过来又对这些部门申请进人计划进行了评估，可以灵活地把更多的SMG更需要的人引进来。今年定岗定编还有一个什么作用呢，比如去年年底我们到北京去做大规模的招聘计划，进了120多个人，但是集团其实在目标上并不是很明确的。我们到底要进多少人？这个我们不清楚，我们只是觉得惯例就是这样的，根据去年的情况来判断今年的进人情况，让下面的各个部门来报，然后我们再砍掉一点，因为集团总觉得每年都需要补充大学生，下面的各部门就会觉得进大学生是一个最好的进人机会，而这个就会导致每年的灯光、摄影等辅助工种进不来。通过这次的梳理，以后我们就可以相对科学地来做出用人计划……

总的来说，集团推进的这次岗位体系改革在一定程度缓解了改革前人力资源管控工作中存在的一些张力结构，优化了频道、频率层面的岗位管理工作，从某种意义上说，也部分地改变了原先集团与频道、频率在薪酬、绩效与岗位三个问题上的关系状态，建立了一种不同的运作秩序。

第三节　如何观察这个复杂秩序的重构过程
——引入新的分析框架

通过第二节的简要描绘，我们初步对上海文广新闻传媒集团展开的这次岗位体系改革过程有了一个大致的了解。在这次历时近大半年的改革过程中，集团和频道层面围绕薪酬、绩效和岗位三个环节的改革措施展开了大量的互动，双方都在此过程中积极地运用了各种策略性行为以达成自身的目的。联合工作小组的一位成员曾以一个深动的比喻来形容这次改革推进的过程：如果我们把改革看作是出行的话，那么也许我们曾经以为通过科学的计划，我们无非是从一个确定的起点走向另一个确定的终点，中间的路线也是确定的；然而这次改革的实践却证明，我们的起点也许是确定的，但计划中的终点却很难完全实现，而中间的路线则更是极为复杂——两点定一线的直线式路线几乎从不曾出现过。

这位成员的话说明，在这次改革的过程中，集团和频道、频率为了实现自己的理性目标都进入了一个关系错综复杂的博弈过程中，在这个过程中的秩序的建构方式则显得极为复杂，集团实施的相关制度安排、采用的动员措施、外部环境的影响、频道和频率（乃至节目制作单位）的理性计算、不同行动者对现有相关制度的“灵活运用”，都或多或少地在整个局部运行秩序重构的过程中发挥了不同程度的作用。正是在这些要素的共同介入下，集团岗位体系改革过程中一条曲折的秩序变更路径被勾勒了出来。

随着资料和深入访谈工作的不断推进，笔者越来越深刻地感受到，面对上海文广新闻传媒集团在这次岗位体系改革中呈现的大量鲜活而真实的组织世界中的素材，依靠已有组织理论体系中任何一种单一分析要素去分析秩序变更的过程都是不够的——或者说，单一的分析要素也许可以帮助我们理解这次事件过程中的一些环节，但却无法展现出秩序重构的全景式过程，因而其所提供的知识也是有限的。

正是基于上述考虑，本研究最初时候尝试着吸纳已有理论的积累，运用“公共意义、制度绩效和稀缺性资源”这三种分析要素去综合地分析局部秩序重构的过程。必须说明的是，在对上海文广新闻传媒集团此次岗位体系改革的研究资料深入分析的过程中，笔者发现仅仅这三个分析要素还不足以完全勾勒出复杂的组织秩序重构过程，因此又在分析框架中加入了“制度的自我支持机制”这一要素。以下本研究将运用这四种分析要素对上海文广新闻传媒集团岗位体系改革过程中秩序重构的过程进行深入分析。

一、从"公共意义"着眼观察秩序重构过程

"公共意义"这一分析要素的引入在很大程度上是借鉴了制度学派的相关研究，尤其是道格拉斯关于"公义"（legiti macy）的观点。笔者在前文的导论和第二章中都对其作过较为详细的介绍，在此不再复述。本研究要强调的一点是，"公共意义"在很大程度上为我们观察许多组织世界中的复杂秩序生成过程提供了一种有效的观念层面分析维度。在本研究看来，某种秩序在组织中得以形成总是或多或少的能找到相应的观念层面上的支持，否则其效力和持久性就难以经受住时间的考验。

在这次上海文广新闻传媒集团开展的岗位体系改革过程中，集团在总体上实现了其优化岗位管理、削弱在人力资源管控体系中存在的张力结构等一系列目标，进而在人力资源管控领域中构造了一种新秩序。这种成功在很大程度上是与新秩序具有较强的"公共意义"基础密不可分的。

在第二章的分析中，本文已经介绍了在内外压力的推动下，上海文广新闻传媒集团的员工中自然萌发了一种危机意识和不进则退的公共意义，这种公共意义对于集团开展的这次岗位体系改革显然提供了某种程度上的观念支持。不过仅仅如此还不够，因为这种危机意识和不进则退的公共意义在很大程度上还处于自然萌发的状态，其并没有得到系统的表述和强化，而且它更多的只是表达了一种对改革的渴望态度，并没有涉及更为具体的改革内容。本研究发现，在集团推进岗位体系改革的过程中，有关方面在两个环节上开展了大量富有成效的工作，进而强化了集团内支持本次改革措施、方案的"公共意义"。

第一个环节是集团内部的有效宣传动员工作。在这次改革之前，集团有关部门就针对人力资源工作面临的问题、发展战略以及推进人力资源工作改革的着手点等问题进行了富有成效的宣传与动员工作。其中比较具有标志性意义的事件是，自2003年开始，集团人力

资源发展规划问题进入了集团工作会议的讨论议程。通常来说，SMG 在每年年初和年中会召开两次集团工作会议，一般来说会议的主要目标是总结已有工作并部署未来工作计划。在以往的会议中，讨论的问题基本上都是集团的产业发展战略，但从 2003 年的年中开始，集团工作会议增加了一项会议主题——人力资源发展规划。集团领导在人力资源发展规划中不断向成员传输人力资源管理现状、创新人力资源工作的意义、人力资源工作的发展要求等重要信息，同时集团也在会议上把优化岗位体系、优化薪酬体系工作的重要性做了充分的介绍并将其列入集团人力资源发展的工作部署之中。通过这些有效的宣传措施，集团进一步争取了员工对岗位体系改革工作的支持。

同时，在本次岗位体系改革的过程中，集团有关部门同样高度重视这种有效的内部宣传工作，这具体表现为：联合工作小组在摸底调查期间往往不断地向频道、频率的有关人员宣传岗位体系改革的必要性；在改革过程中，集团有关部门在与频道、频率展开协商工作时，始终以宣传新的岗位体系的科学性、新功能为协商的重要线索。

第二个环节是在推进改革的过程中不断将新方案有益于频道、频率的方面展现给对方。这一点在本次改革推进过程中得到了很好的显现，按照联合工作小组一位成员的归纳就是“我们要让频道、频率明白新的岗位体系方案并不是说仅仅有利于集团管理，更多的来说，这种新方案也会优化频道、频率的内部管理……”。实践证明，这种工作方法在帮助集团与频道、频率对新岗位体系的合理性达成共识方面发挥了重要的作用。

集团通过在上述两个环节上不断开展工作，富有成效地进一步构建了与岗位体系改革相配套的共同意义体系，而这种共同意义体系为改革的推进提供了有效的支持。联合工作小组的一位专家曾对此有过如此表述：“岗位体系的推进顺利不顺利在很大程度上与频道、频率是否了解新方案的优势，在观念上接受不接受它关系密切。现在看来，大家在观念上都是接受它的，所以现在分歧都产生在技术的层面上，尚没有哪个部门将分歧的矛头指向改革本身……”

可以说，从“公共意义”构建这个环节出发观察问题，研究者将发现集团占据了很大的主动性。

二、从“制度绩效”着眼观察秩序重构过程

在进入这个分析维度之前，笔者首先有必要回答一个问题，这就是：“在组织运行过程中，制度的作用是什么？”这个话题对于理解秩序构造的过程有着极其重要的作用。

在现代社会学、经济学的讨论中，研究者对制度的作用在认识上的分歧是比较大的，从最一般的角度出发，人们对制度作用的认识可以归为两大类：第一类看法由于把“制度”看作是一系列具有约束力的系列规则——这些规则涉及社会、政治及经济行为（T. W. 舒尔茨），因而强调制度对个体的约束力和决定性；第二类看法由于把“制度”看作是理性个人实现“均衡的过程”，认为“制度”是理性个人相互理解偏好和选择行为的基础上的一种结果，因而认为制度的作用取决于行动者的理性选择。本研究对“制度作用”的理解，在一定程度上吸呐了理性选择制度学派的观点，将结构性制约和理性选择两方面的因素都引入到思考的框架中去，因而把“制度”视为一种中介变量，即“制度”作为一种结构性力量能影响人们作出个体选择，但不能完全决定他们的行为。建立在上述认识上，本研究进一步把“制度”影响个体选择的有效性程度称为“制度绩效”：如果一种制度能有效地按照其所设定的目标、方式影响人们的行为，那么该制度绩效就较高，反之亦然。

本研究根据长期的观察，认为可以从四方面来考察某种制度安排的绩效，它们分别是：

第一，组织制度在多大程度上能提供一系列明确的标准。许多制度刚刚设计出来就失去效力，在很大程度是因为这些制度往往模糊地表达了一个含义，而制度约束越是含糊就越为组织成员相机而动提供了便利。能否提供一个明确的标准是组织制度具备效力的重

要基础。

第二，组织制度在多大程度上具有“识别”效应。所谓识别效应，就是能够把遵循组织规定和反其道行之的人或行为有效识别出来，如果制度的“识别”效应不佳，那么它即便设计得再完美，其效应都极为有限。

第三，组织制度在多大程度上能根据被识别出的行为提供“激励”。这是继上一环节后，非常重要的一个步骤，指的是组织制度是否能对遵守制度的行为提供正向激励（奖金、表扬、更多的升迁机会等），或对不遵守制度的行为提供反向激励（批评、惩罚等）。

第四，组织制度在多大程度上能吸引成员的注意力分配情况。组织成员的精力与时间都是非常有限的，他们不可能同时均衡地关注组织内的所有领域。一个好的组织制度（或者说有效率的组织制度）不仅仅在于它能提供不同的激励，还在于在一定时间限度内，其能否吸引组织成员的注意力。

上海文广新闻传媒集团推进岗位体系改革的过程，同样也可以被看作集团制定了一系列关于岗位体系的制度，然后努力将这些制度予以实施的过程。在这个过程中，由于集团在制度设计方面花了大量精力，而且还聘请专业咨询公司介入的缘故，因此集团所实施的这些制度都取得了较好的绩效：

首先，从制度能否提供一系列明确标准的角度来分析问题。在人力资源工作管理领域中，实现标准化最困难的一项就是确定频道、频率的岗位、编制情况。改革之前，SMG 相关职能部门在试图确定下属频道、频率的岗位、编制时，往往会遇到许多困难，比如：标准如何制定？业务单元的运作流程都有自身的特点，如何把不同部门之间的差异性考虑到标准体系中去？如果业务部门强调自己的独特性，认为标准不适宜怎么办？等等。

而此次集团在具体着手推进岗位体系改革之前，就对各频道、频率下属的业务单元进行了细致的摸底调查，通过发放工作负荷表、要求员工填写岗位说明书、制作组织结构图和业务流程图的方式，对各频道、频率的岗位实际饱和状况有了一个较为清晰的认识。同时集团还通过访谈、查找历史资料、横向比较的方式对各频道、频率历史上的岗位数情况以及业务特征大致相同单位之间的岗位数比较情况都进行了专门调查,掌握了大量第一手资料。

在此基础上集团制定了此次岗位体系改革过程中,各频道、频率定岗、定编的一个标准化体系。这个标准化体系大致分为三个组成部分:一是普适性标准,集团通过对资料进行深入分析,在专业咨询人员的帮助下,建立起了一个基于业务流程和岗位饱和状况的普适性岗位管理原则;二是历史对比的标准,集团通过对每个业务单元当前、历史上的岗位状况进行对比,进而作出调整的决策;三是横向对比的标准,集团通过对比业务特征相近的频道、频率的岗位状况,进而作出调整的决策。从实践的情况来看,集团制定的这套岗位管理标准化体系发挥了很大的作用。集团人力资源部的一位同志在总结时说道:

> 定岗、定编的时候我们的标准发挥了很大的作用。什么样规模的部门可以有多少领导岗位?比如某个部门只有7个人,那么我们的标准体系就规定不能设副主任和助理。我们是请了咨询业公司依据一般的企业的规律性的做法来设计的。还有,我们的业务有很强的相似性,比如说我们有的节目×××和×××都是六点半的,那么我们就有参照系,比如他有20名记者,那么你也20名记者,然后20名记者要配15名摄影等等。还要参照一个历史沿袭的过程,比如说B倾向于娱乐一些,C倾向于时政一些,这种差异会使他们用人上不大一样,那么我们就参照历史上的数据来进行对比,比如B一直以来是多少个记者,那么凭什么现在就不可以做……这些标准一拿出来,频道、频率都觉得集团真是花大力气了……

可见,在这次岗位体系改革过程中,集团推进的各项制度提供了一系列明确的标准，而这种标准在一定程度上加强了相关制度的绩效。

其次，从制度是否具有“识别能力”和是否能根据被识别出的结果提供激励来分析问题。前文已经提到，在这次岗位体系改革过程中，集团有关部门对频道、频率是否采取配合改革措施的行为进行了区别性对待，对于那些能较为积极配合集团完成岗位体系改革的频道，集团往往会在改革的过程中帮助它们解决一些问题，比如辅助性岗位配置不足等等。这种区别性对待的做法在一定程度上发挥了制度的“识别”与“选择性激励”的作用。

再次，从制度是否能吸引人们的注意力分配情况的角度来分析问题。上海文广新闻传媒集团推进的此次岗位体系改革，从功能上来看不仅能优化集团层面的管理，而且还能帮助频道、频率解决许多在以往的人力资源工作体系中无法解决的问题，因而其在推进过程中始终引起了频道、频率以及业务制作单位的关注。而这种充分的关注使得在一段时间里各方面充分聚焦于岗位体系建设这一话题上并展开充分交流成为可能。

总的来说，从制度绩效的观察视角出发，研究者能发现，集团此次推进岗位体系建设的相关制度安排也在秩序重构中发挥了很大的作用，而在这个环节中集团仍占据着许多优势。

三、从“稀缺性资源”着眼观察秩序重构的过程

如果说在前两个环节中，研究者所观察到的都是集团层面所实施的有效措施的话，那么“稀缺性资源”这个分析要素将帮助人们观察到频道、频率为保障自身利益所做出的努力和展现出的策略。

稀缺性资源在本文中特指那些对组织或组织中某些子部分、群体而言具有重大意义的资源，这些资源在整个组织中分配相对不均，组织、子群体和组织成员往往会运用这些资源来完成有利于自身战略目标的决策，影响他人采取有利于己的方案。稀缺性资源有两个重要标志：一是分布的非均衡性，某些稀缺性资源往

往只掌握在少数成员手中，这样稀缺性资源的拥有者往往会在某些条件下具备某种形式的“特权”。此外它的另一个重要标志是其对整个集团运作具有重要影响，它的缺失往往会使集团运作陷入某些困境。

在这次岗位体系改革过程中，有一些业务单位就充分运用自身所具备的稀缺性资源，在与集团围绕岗位数目问题而展开的谈判中占据了相对优势的地位。比如，某个经常承担重大宣传任务的C频道，其除了正常的业务工作外，还要经常应对来自各方面的突发性宣传任务（比如上级部门交办的宣传任务、对突发事件的报道等）。该频道所具备的用以应对突发性宣传任务的能力（包括制作、拍摄、有经验的工作人员等）就成为一种集团内的稀缺性资源。这有两方面的原因：第一，C频道所具备的应对上述突发宣传任务的能力是集团内比较强、比较可靠的。集团组建以来一直在强化资源整合，避免各频道在业务上出现较大的重叠现象，这样一来，就逐渐在集团内形成了一种业务上的“分工”，每个频道往往都会有自己的业务侧重点或形成自己的独特风格。作为这种分工的结果，C频道逐渐成为集团内较为适合承接突发性宣传任务的业务单元。第二，这些突发性的宣传任务往往有重大的社会效益，能否将这些任务圆满、高质量完成对整个集团都有着非常重要的意义。

当集团在C频道内推进岗位体系改革，并试图缩减其岗位数时，C频道往往就会以强调必须保证充分的力量来应对各种不确定宣传任务为方法，以此构建了一个保护该频道原有岗位体系的重要空间。在这个空间里，集团的工作策略都遇到了一定的阻碍，这集中表现为：首先，集团之前设置的一系列岗位管理标准化方案受到了很大的限制。因为C频道提出的问题是要保证应对“不确定性”的宣传任务，而这些不确定的宣传任务是任何人都无法预测的，因此建立在对常规业务进行分析基础上的岗位管理标准化方案就变得不太适用了。其次，对于C频道到底需要动用多大的力量才足以保证应对不确定任务的能力不受损，集团并不清楚。在这个问题上，C频道所掌握的信息和知识远远超过了集团，这种信息不对称的状况导致集团处于一个较为被动的境地。再次，出于各方面因素的综合考虑，集团希望C频道继续保持着良好的应对不确定任务的能力，从而为集团的发展提供有益的帮助。

上述分析表明，稀缺性资源的有效运用也会对秩序建构的过程产生重要影响。在复杂秩序建构的过程中，如果行动者能有效运用自身所具备的稀缺性资源就有可能对他人施加有力的影响。

四、从“制度的自我支持机制”着眼观察秩序重构的过程

制度的实施与推进往往需要具备一系列自我支持机制的支撑，这些自我支持机制包括其他相关制度、观念和硬件设施等多方面因素。有时处于利益博弈中的行动者只要破坏现有制度的自我支持体系中的某些环节就可以使自己处于更为有利的地位。从这个意义上来说，围绕“制度的自我支持机制”而展开的行动者之间的互动也构成了观察复杂秩序生成的一种重要路径。

从某种意义上说，集团推进岗位体系改革的过程就是一整套紧密衔接的岗位、薪酬、绩效制度推进的过程。在这个过程中，岗位体系改革是建立在一系列其他的条件、因素的支持上的。这些因素包括信息网络上的支持、相关横向制度安排的支持等等，据本研究的观察，在上述这些因素中有一个因素对于保证岗位体系改革顺利进行有着非常重要的意义，这就是集团关于改版的相关制度。更具体的来说，集团推进下的岗位体系改革得以顺利完成的一个重要支持机制是：在此过程中，频道、频率的节目版面不能做大的调整。因为一旦版面调整后，频道、频率的业务流程必然会发生变化，而业务流程的变化将导致已经梳理好的岗位体系再次发生重大变化。

关于改版制度对于集团推进的岗位体系改革具有重大支持性作用这一点，集团在改革之前就已经意识到了。因此，为了保证岗位体系改革顺利进行，负责岗位体系推进工作的集团有关部门专门着手

对已有的改版工作流程进行了改造：按照以往的操作流程，改版只需要由频道方面提出改版方案并交到总编室，再由总编室批写意见，最后上报到集团总裁处，由总裁作出最终决定。在这次改革期间，集团有关部门建议给上述流程再增加一个过程，在改版报告上交总裁之前，由办公室负责把改版申请报告再传递给集团人力资源部和财务部，由这两个部门在报告上对改版所需要付出的人力成本和制作成本等作出说明。通过这种流程上的改造，负责岗位体系推进工作的集团有关职能部门将有可能对改版问题进行必要的干预。

同时，一些频道、频率也意识到通过改版环节，自己将有可能突破这次岗位体系改革对频道、频率在岗位设置上的约束。因此，它们也试图通过改版这个环节以实现本部门在岗位数目问题上的目标。这样，集团层面的相关职能部与频道、频率围绕岗位问题上的谈判就转变为两者围绕改版问题上展开的互动。而两者在改版问题上互动的最终结果也会直接影响到岗位体系改革的过程的秩序建构过程。

通过对上述这个过程的分析，我们可以发现从制度的自我支持机制这个角度出发观察问题，会帮助研究者更加深入地观察到制度因素在秩序构造过程中所基于的条件，而这些条件是否发生变化对于秩序构造的过程也有着不可忽视的重要作用。

总的来说，本研究尝试着从“公共意义、制度绩效、稀缺性资源以及制度的自我支持机制”这四个环节出发对上海文广新闻传媒集团推进岗位体系改革过程中秩序重构的过程进行分析，通过这四个分析要素，本研究初步勾勒出了一个在多方面因素交互影响下发生的秩序重构过程。这进一步加深了研究者对这个秩序生成路径的了解。由此获得的研究成果将会给所研究的单位制定解决相关问题时的方案提供有价值的参考依据。

同时，本文也要在这里作出说明，这种四要素的分析框架在分析复杂组织世界中的秩序生成路径过程中为研究者提供了较为全面的分析视野，但也面临着许多需要进一步深入思考的问题，比如说：“这四种分析要素彼此之间的关系是什么样的?”“有没有可能运用这四种分析要素制作某种组织分析模型?”等等。笔者相信上述话题都是非常具有研究价值的课题,并将会在今后的学习、研究中继续思考这些问题。

主要参考文献

1. 中文文献

[1] 米歇尔·克罗齐埃. 科层现象. 刘汉全，译. 上海：上海人民出版社，2002.

[2] 米歇尔·克罗齐埃. 被封锁的社会. 狄玉明、刘培龙，译. 北京：商务印书馆，1989.

[3] 米歇尔·克罗齐埃. 法令改变不了的社会—— 论法国变革之路. 狄玉明译. 北京：商务印书馆，1989.

[4] 乔纳森·特纳. 社会学理论的结构. 邱泽奇，译. 北京：华夏出版社，2001.

[5] 科尔曼. 社会理论的基础. 北京：社会科学文献出版社，1999.

[6] 丹尼斯·朗. 权力论. 陆震纶，郑明哲，译. 北京：中国社会科学出版社，2001.

[7] 理查德·斯格特. 组织理论. 邱泽奇，黄洋，译. 北京：华夏出版社，2002.

[8] 皮埃尔·布迪厄，华康德. 实践与反思. 李猛，李康，译. 北京：中央编译出版社，1998.

[9] 李友梅. 组织社会学及其决策分析. 上海：上海大学出版社，2001.

[10] 戴维·奥斯本. 改革政府——企业精神如何改革着公营部门. 上海：上海译文出版社，1996.

[11] 赫伯特·西蒙. 管理行为——管理组织决策过程的研究. 北京：北京经济学院出版社，1988.

[12] 赫伯特·西蒙.现代决策理论的基石.杨砾,徐立,译.北京:北京经济学院出版社,1988.
[13] 刘创楚.工业社会学.台北:台北巨流图书公司,1977.
[14] 泰罗.科学管理原理.北京:中国社会科学出版社,1984.
[15] 梅约.工业文明中的人类问题//费孝通译文集.群言出版社,2002.
[16] G.戴思乐.组织理论——整合结构与行为.余朝权等译.台北:台北联经出版事业公司,1972.
[17] 翟学伟.中国人行动的逻辑.北京:社会科学文献出版社,2001.
[18] 罗伯特·丹哈特.公共组织理论.北京:华夏出版社,2002.
[19] 小艾尔弗雷德·D.钱德勒.看得见的手——美国企业的管理革命.北京:商务印书馆,1987.
[20] 托马斯·唐纳森.有约束力的关系——对企业伦理学的一项社会契约论的研究.赵月瑟译.上海:上海社会科学院出版社,2001.
[21] H.孔茨.管理学.贵州:贵州人民出版社,1982.
[22] 布劳著,孙非等译.社会生活中的交换与权力.北京:华夏出版社,1988.
[23] 奥尔森.集体行动的逻辑.上海:上海人民出版社,1995.
[24] 安东尼·吉登斯.社会的构成.北京:生活·读书·新知三联书店,1998.
[25] 安东尼·吉登斯.现代性与自我认同.北京:生活·读书·新知三联书店,1998.
[26] 安东尼·吉登斯.现代性的后果.南京:译林出版社,2000.
[27] 罗素.人类的知识.北京:商务印书馆,2001.
[28] 皮亚杰.结构主义.北京:商务印书馆,1984.

[29] 陈怀林. 九十年代中国传媒的制度演变//二十一世纪评论,1999.

[30] 李良荣. 十五年来新闻改革的回顾与展望. 上海：《新闻大学》(春季号).

[31] 罗伯特・金・默顿. 论理论社会学. 北京：华夏出版社,1990.

[32] 于海. 西方社会思想史. 上海：复旦大学出版社,1993.

[33] 胡申生,李远行,章友德,等. 传播社会学导论. 上海：上海大学出版社,2002.

[34] 丹尼斯・K. 姆贝. 组织中的传播和权力：话语、意识形态和统治. 北京：华夏出版社,2001.

[35] [美]阿特休尔. 权力的媒介：新闻媒介在人类事务中的作用. 黄煜、裘志康,译. 北京：华夏出版社,1989.

[36] [英]巴特勒. 媒介社会学. 赵伯英、孟春,译. 北京：社会科学文献出版社,1989.

[37] [日]竹内郁郎. 大众传播社会学. 张国良,译. 上海：复旦大学出版社,1989.

[38] [英]巴特勒. 媒介社会学. 赵伯英,孟春,译. 上海：上海社会科学文献出版社,1989.

[39] [美]戈夫曼. 日常接触：社会学交往方面的两个问题. 徐江敏等译. 北京：华夏出版社, 1990.

[40] [美]罗洛夫. 人际传播：社会交换论. 王江龙,译. 上海：上海译文出版社,1991.

[41] 戴元光主编. 现代宣传学概论. 兰州：兰州大学出版社,1992.

[42] [加拿大]麦克卢汉. 人的延伸：媒介通论. 何道宽,译. 成都：四川人民出版社,1992.

[43] 宋林飞. 社会传播学. 上海：上海人民出版社,1993.

[44] 邵培仁,陈建洲. 传播社会学. 南京：南京大学出版社,1994.

[45] 童兵. 主体与喉舌：共和国新闻传播. 郑州：河南人民出版社，1994.

[46] 中国社会科学院新闻研究所. 传播·社会·发展：全国第四次传播学研讨会论文集. 成都：成都科技大学出版社，1996.

[47] 刘双. 组织传播. 黑龙江人民出版社，2000.

[48] 金兼斌. 技术传播. 黑龙江人民出版社，2000.

[49] [日]桂敬一. 多媒体时代与大众传播. 刘雪雁，译. 北京：新华出版社，2000.

[50] [美]赛佛林，坦卡德. 传播理论：起源、方法与应用. 郭镇之，译. 北京：华夏出版社，2000.

[51] 吴征. 中国的大国地位与国际传播战略. 北京：长征出版社，2001.

[52] [英]尼克·史蒂文森. 认识媒介文化. 北京：商务印书馆，2001.

[53] [德]哈贝马斯. 公共领域的结构转型. 上海：学林出版社，1999.

[54] [美]凯瑟琳·米勒. 组织传播. 北京：华夏出版社，2000.

[55] 邓正来. 自由与秩序：哈耶克社会理论的研究. 南昌：江西教育出版社，1998.

[56] 张国良. 传播学原理. 上海：复旦大学出版社，1995.

2. 英文文献

[1] Erhard Friedberg. Local Orders：Dynamics of Organized Action. Jai Press Inc，1997.

[2] Michel Crozier，and Erhard Friedberg. Actors and Systems：The Politics of Collective Action. University of Chicago

Press,1980.
[3] Sue E. S. Crawford, and Elinor Ostrom. A Grammar of Institutions. American Political Science Review, 1995, 89(3).

在攻读学位期间公开发表的学术论文

1. 宗明:《由行风评议看广播人的职业道德建设》,《中国广播电视学刊》,中国广播电视学会主办,2004.9,总第162期。

2. 宗明:《构建体系,创新机制——关于人力资源能力建设的实践与思考》,《电视研究》,中央电视台主办,2004.5,总第174期。

3. 宗明:《受众眼里的电视人——上海电视媒体从业人员社会评价调查报告》,《新闻记者》,文汇新民联合报业集团出版,2004.2,总第252期。

近年来出版(发表)的相关成果

1. 宗明主编:《构筑共青团工作的新格局——上海市浦东新区共青团工作综合改革试验报告》,上海:上海大学出版社,1998年版

2. 宗明主编:《情系红土地——首批上海赴滇扶贫青年志愿者活动纪实》,上海:上海科学技术出版社,1999年版

3. 宗明主编:《青春不下岗》,上海:上海交通大学出版社,1999年版

4. 宗明主编:《新形势 新探索 新成效——上海青年思想政治工作丛书》(实践集、调研集、创意集共三册),上海:百家出版社,2001年版

致 谢

当历史的长河跨入21世纪之际，我们迎来的不仅仅是一个新纪元的开始，更是一个学习型社会建构的良好氛围；当我从事共青团工作长达15年之时，我迎来了人生新的事业发展的机会，从团市委转岗进入上海文广新闻传媒集团。我清醒地意识到我面临本领恐慌、知识更新和结构调整，我真实地感受到了继续学习对胜任新的岗位的重要性和必要性。当我走进上海大学新校区，“自强不息”的校训映入我眼帘的时候，我下定决心要跨越不惑之年的障碍，以一个学生的求知心态面对我的学习生活。

我是幸运的，更是幸福的。因为我遇见了我的导师、良师益友李友梅教授。作为导师，李友梅老师对待学生既认真负责、严格要求、一丝不苟，又厚爱有加、关怀备至。当我因为工作繁忙有时稍稍疏忽学业时，她会主动打电话督促我、提醒我；当我有时对一些理论知识的解读和运用发生困难时，她会利用休息日为我专门辅导讲解，甚至在她党校学习期间，也会利用晚上时间为我补课。作为挚友，李友梅老师对待学术严谨细致，对待工作全身心投入，对待同志满腔热情、诚恳朴实，她的精神和作风深深地感染并影响着我。她不仅带教了很多学生，深受学生爱戴、尊敬，还承担了校内外、甚至全国的很多学术研究课题，承担了很多学校的行政管理事务。

在我学习的四年中，我接触了许多上大的老师，他们像李友梅老师一样具有高尚师德和专业的素养，每个老师在课堂上的认真教学不仅让我学到了很多的专业知识，而且为我顺利完成学业提供了许多帮助。当我即将完成学业之际，我要衷心地感谢所有帮助、支持、教导过我的老师们。

在我学习的四年中，同学们的勤奋值得我学习，他们的真诚让我感动，他们同样给予了我很大的帮助、关心和支持。在此我要衷心地感谢我的同学们。

在我学习的四年中，同事们主动和我一起搞调查、一起探讨问题，他们也给予了我很大的帮助、鼓励和支持，在此我也要衷心地感谢我的同事们。

宗　明

2005年1月